Dominique Temple

TEORÍA
DE LA RECIPROCIDAD

TOMO I

Dominique Temple y Mireille Chabal

LA RECIPROCIDAD Y EL NACIMIENTO DE LOS
VALORES HUMANOS

Segunda Edición: 2024

Edición: Dominique Temple

Segunda Edición: Francia, 2024

Impresión bajo demanda: Lulu Press, Inc.

ISBN : 979-10-97505-23-3

Depósito legal: Julio de 2024

Primera Edición: La Paz, 2003

TEORÍA
DE LA RECIPROCIDAD

Tomo I

LA RECIPROCIDAD Y EL NACIMIENTO DE LOS VALORES HUMANOS

Tomo II

LA ECONOMÍA DE RECIPROCIDAD

Tomo III

EL FRENTE DE CIVILIZACIÓN

Edición revisada

Collection « Réciprocité », n° 24, 2024

ÍNDICE DEL TOMO I

Prefacio a la edición de 2024   7
Introducción por Javier Medina   11
Prefacio a la edición de 2003   20

I

Maussiana

Homenaje a Marcel Mauss: El Tercero en la reciprocidad positiva

1. El don es lo contrario del intercambio   27
   1 - El alma y las cosas   31
   2 - El nombre del don   42
   3 - ¿El honor o el crédito?   47
   4 - El sacrificio   52
   5 - El don del nombre   54
   6 - La moneda de renombre   58

2. El Tercero y lo recíproco   65
   1 - El enigma de Ranaipiri   65
   2 - El Tercero y la obligación de devolver   75
   3 - La estructura ternaria   82

Conclusión   88

II

La reciprocidad negativa entre los Shuar

1. La teoría de la reciprocidad negativa   97

   1 - El alma de venganza: el *arutam wakanï* de los Shuar   101
   – La visión: *arutam*   101
   – La contradicción de la muerte real y de la vida imaginaria:
     la obligación de morir   104
   – La contradicción de la vida real y de la muerte imaginaria:
     la obligación de asesinato   106
   – La obligación de volver a morir y el ciclo de la
     reciprocidad   108

2 - El ser Shuar: el *kakarma*   112
 - El *kakarma*   112
 - La dialéctica de la venganza   118
 - Del *kakarma* al *mana*   119
 - La Palabra   123
 - Los «espíritus»   126
 - La reciprocidad de asesinato   128
 - La individuación del Tercero   130
 - El espíritu de la venganza: el *muisak*   131

3 - La generalización de la reciprocidad negativa   134
 - Las *dos Palabras* entre los Shuar   134
 - El robo de alma   135
 - Generalización de la venganza   137
 - Los *iwancï*   138
 - Las fiestas *tsantsa*   140
 - De los guerreros a los chamanes (*uwisin*)   142
 - De lo real a lo simbólico   146

2. La reciprocidad de dones y la reciprocidad de venganza entre
los Shuar   150
1 - La invitación y la fiesta   150
2 - La reciprocidad total de los *amigri*   152
3 - La fuerza de lo contradictorio   154
4 - La individuación en la reciprocidad simétrica y positiva   157
5 - La reciprocidad en dominó y la ética   159
6 - El rol de la demanda   162
7 - La reciprocidad positiva de los no-*amigri* y de los chamanes 163
8 - *Nunkui* o la palabra femenina   165
Conclusión   178

III

La reciprocidad simétrica en la antigua Grecia

Introducción   189
1. De la reciprocidad positiva a la reciprocidad simétrica en la
Ilíada y la *Odisea*   192
1 - La *Ilíada*   192
2 - La *Odisea*   205

2. Ética a Nicómaco   211

  1 - Una teoría de la reciprocidad simétrica   211
     – La liberalidad   213
     – El crecimiento del valor   216
     – La magnanimidad   218
     – La justicia   220
     – La *philia*   224
     – Oposición entre la *philia* perfecta y las formas inferiores
     de la *phili*a y oposición de don e intercambio   226

  2 - La reciprocidad, condición previa de la conciencia:
     sunaisthanesthai   232
     – La *philia* y el goce del bienaventurado   232
     – La conciencia ¿supone la reciprocidad?   236
     – La intimidad   240
     – La gracia   246

3. El intercambio en la teoría de Aristóteles   251
  1 - Intercambio de equivalentes e intercambio en vista del
     provecho   251
  2 - La justicia en el intercambio   254
  3 - La *chreia*   263
  4 - La crítica de Marx   265
  5 - Reciprocidad simétrica y reciprocidad positiva   270
  6 - Puesta en evidencia del Tercero   272
  7 - Lo «recíproco» según Aristóteles   276
  8 - La economía «humana»   279

Conclusión general del Tomo I:
La reciprocidad y el nacimiento de los valores humanos   282

Bibliografía   287

PREFACIO A LA EDICIÓN DE 2024

Hace 20 años, en Bolivia, estalló una revuelta popular que iba a derrocar al gobierno liberal, llevando la voz de los pueblos originarios a la escena política. En octubre de 2003, la sangre corrió en El Alto. Los aymaras descendieron sobre La Paz. Dos investigadores bolivianos, Javier Medina, filósofo, y Jacqueline Michaux, antropóloga, se ofrecieron a traducir y publicar mis escritos sobre la reciprocidad. Los documentos, recogidos desde Francia, fueron impresos apresuradamente por José Antonio Quiroga, en La Paz, bajo el nombre de *Teoría de la Reciprocidad*[1].

La publicación fue financiada por la Cooperación alemana[2] en Bolivia, que también dio su consentimiento para que estos libros fueran distribuidos gratuitamente a las bibliotecas e instituciones de América del Sur.

El tomo I es la traducción integral de *La réciprocité et la naissance des valeurs humaines* (Paris, 1995), mientras el tomo II expone los fundamentos lógicos necesarios para la base de esta teoría y propone varias aplicaciones. El tomo III recoge todas mis contribuciones a las luchas de las comunidades indígenas de América del Sur, que abordan la cuestión colonial y el frente de civilización según sus propias categorías y no solo las del análisis marxista-leninista u occidental en general[3].

---

[1] *Teoría de la Reciprocidad*, (3 vol.), La Paz, Padep-GTZ, Artes Gráficas Editorial "Garza Azul", Bolivia, 2003.

[2] Cooperación Técnica Alemana PADEP/GTZ - Programa de Apoyo a la Gestión Pública Descentralizada y Lucha contra la Pobreza.

[3] Ya no eran los lemas habituales los que motivaban las luchas de los campesinos de los Andes, sino expresiones indígenas que recordaban a las de las comunidades de la Amazonía peruana, organizadas en consejos étnicos, en los años 70, para obtener el reconocimiento del Estado.

Sin embargo, las circunstancias dramáticas del levantamiento de 2003 en Bolivia impidieron la distribución de esta obra y la *Teoría de la Reciprocidad* desapareció. Sólo unas pocas instituciones bolivianas poseen un ejemplar.

El primer tomo de la *Teoría de la Reciprocidad* contiene tres ensayos: sobre la reciprocidad positiva, la reciprocidad negativa y la reciprocidad simétrica. El primero es la continuación de *La dialéctica del don*, publicado por un grupo de estudiantes bolivianos en París en 1983. El segundo es un análisis teórico de la reciprocidad de venganza, basado en el estudio de Michael Harner sobre la reciprocidad de homicidio en la sociedad shuar de Ecuador. El tercero aborda la reciprocidad simétrica en la *Ética* de Aristóteles y a partir de las obras de Homero: la *Ilíada,* para la reciprocidad negativa; la *Odisea*, para la reciprocidad positiva.

Este libro 1, inicialmente propuesto bajo el título: *L'être contradictoriel,* fue rechazado por los editores franceses a los que se envió, y finalmente fue aceptado a condición de que se redujera a la mitad; lo que suponía suprimir la parte teórica que exponía sus presupuestos lógicos. Así pues, fue publicado por L'Harmattan, con el título: *La réciprocité et la naissance des valeurs humaines*[4]. Estos preliminares, necesarios para liberar el principio de reciprocidad de las garras del imaginario, habían sido traducidos al castellano y publicados por una revista de apoyo a la lucha de liberación del pueblo mapuche: *Huerrquen-Admapu*[5], en Alemania en 1986.

---

[4] Dominique Temple et Mireille Chabal, *La réciprocité et la naissance des valeurs humaines*, Paris, L'Harmattan, 1995.

[5] Ver D. Temple, «Estructura comunitaria y reciprocidad», *Huerrquen-Admapu*, Comité Exterior Mapuche, 1986, republicado por Pedro Portugal y Javier Medina, La Paz, Hisbol-Chitakolla, 1989.

Le Quiproquo Historique (1992) no tuvo mejor acogida en Francia, pero cuando se tradujo en Bolivia (1997), se hizo un nombre en el mundo hispanohablante[6].

La contradicción entre intercambio y reciprocidad, revelada por el *Quid pro quo histórico*, se dramatizó durante las revueltas bolivianas de 2003, y se hizo más evidente en la contradicción entre dos concepciones del valor: la del *precio del librecambio*, y la del *precio justo*. Pero, ¿quién podía definir el *precio justo*? ¿Era la competencia por el poder entre algunos o la consideración de las condiciones de vida de los más desfavorecidos?

El análisis crítico de una situación concreta transformó el antagonismo de civilización en interfaz de sistema. Así es como los acontecimientos obligaron a dar al Quid pro quo histórico, reeditado en el tercer volumen de la *Teoría*, los fundamentos lógicos de la reciprocidad, que encontraremos en el segundo.

Es a partir del principio de reciprocidad y de la interfaz de sistemas, que la reflexión teórica ha permitido precisar las dos modalidades fundamentales de la función simbólica: *Las dos Palabras* (que se leerá también en el Tomo 2) son, después del *principio de reciprocidad* y del *principio de lo contradictorio*, la gran novedad de la *Teoría de la Reciprocidad*.

Se comprenderá que esta obra resulta de la colaboración de numerosos investigadores que no todos podríamos nombrar: Pedro Portugal, Jacqueline Michaux, Javier Medina, Bartomeu Melià, Robert Jaulin, Antonio Colomer Viadel...

---

[6] Ver D. Temple, *El Quid-pro-quo histórico. El malentendido recíproco entre dos civilizaciones antagónicas*, La Paz, Aruwiyiri, 1997.

El *Quid pro quo histórico* es el origen de otra idea progresista desarrollada por Bartomeu Melià durante la celebración de lo que los occidentales llamaron «El Encuentro de los Dos Mundos»: «América no fue descubierta sino recubierta». Y en una visión más profética: «Las estructuras de reciprocidad de las comunidades de América son las semillas del futuro».

9

han traducido o difundido esas ideas. Que reciban aquí toda mi gratitud, así como todos los que trabajaron para la publicación de esta segunda edición de la *Teoría* en 2024.

Dominique Temple

INTRODUCCIÓN

Javier Medina

El diseño galileano de la ciencia moderna expulsó los *valores* de su ámbito de competencia. La verdad es cuantificable y, por tanto, el lugar de la no contradicción: *A* es igual a *A*: el reinado del Principio de identidad. Por tanto, a fortiori, los valores también fueron desterrados de la ciencia económica del industrialismo y, a partir de entonces, la riqueza se destila del empobrecimiento de aquellas naciones que no extirparon los *valores* de su comprensión de la economía: de una economía humana y ecológica que teje relaciones intersubjetivas de afectividad no sólo con los otros sino también con la naturaleza. He ahí su vulnerabilidad, respecto de la modernidad europea, pero también su potencialidad respecto de la naciente *oiko-nomía* del siglo XXI.

El tema de los valores, por tanto, es la mejor entrada para repensar la economía y mirar de otro modo las estrategias de reducción de la pobreza, no solamente en países altamente endeudados. Es preciso ir más allá de la teoría del "capital social" que sigue enfeudada a una visión monoteísta de la economía y que a los bolivianos no nos añade ningún saber nuevo: ya sabemos que las economías indígenas son creadoras del lazo social y que se basan en una comprensión de la organización entendida como una red por la que circulan dones, palabras, sentimientos, rituales... Esta teoría del capital social vislumbra la alteridad: la creación del vínculo social: la creación del valor, pero le da horror aceptar su alteridad y polaridad y lo que hace es reducir y llevar la alteridad a su propio sistema, que cree único, y la adjetiva a su único significante: el Capital. Para la economía del industrialismo sólo hay Capital, adornado con innumerables adjetivos: físico, humano, social, cultural, simbólico... todos estos adjetivos no

11

tienen otra función que evitar el que se profiera lo que Bataille llamó la "parte maldita" de la economía: la Reciprocidad. Lo que ésta teoría del capital social debiera decirnos más bien es cómo se crea el vínculo social, cómo nacen los valores en la humanidad, pero no lo hace. De ello, empero, trata este texto de Dominique Temple que presentamos para enriquecer el debate mundial sobre el tema y que rebasa ampliamente la discusión sobre las estrategias de reducción de la pobreza en las sociedades no occidentales del Tercer Mundo. Tiene que ver con la sobrevivencia de la humanidad como un todo en una Casa común planetaria.

Ahora bien, es preciso relativizar la fuerte tendencia fundamentalista, dogmática y metafísica de la economía contemporánea (los resultados no le dicen nada); es menester recordar que la ciencia económica tal como se la enseña, aprende y practica hoy en día no es eterna ni universal: tiene una historia. El modelo económico de la modernidad, en efecto, brota en el contexto de la civilización cristiana y, en concreto, en su visión del hombre. Uno de sus supuestos básicos fue formulado en una Escuela de pensamiento inspirada en San Agustín. Dice así: el pecado original hace del hombre un ser egoísta; una mezcla de ángel y demonio; el cuerpo es la sede del pecado y el alma es lo que nos semeja a Dios. Desde éste punto de vista, el altruismo y la solidaridad sólo son ideales éticos hacia los cuales, por supuesto, hay que tender, pero sería ingenuo querer construir una sociedad sobre esas bases. He aquí la narrativa económica moderna.

La traducción secular de este axioma teológico lo que hace es reemplazar la palabra "pecado" por la palabra "racional". De esta guisa, califica de "racional" a la búsqueda egoísta del lucro personal: lo que operativiza, justamente, el Principio económico de Intercambio y descalifica de "irracional" todo cálculo y comportamiento económico que tome en cuenta "a los demás" y a "la naturaleza": lo que hace, justamente, el Principio económico de la Reciprocidad.

Al comienzo de la Edad moderna, la civilización cristiana muestra dos posiciones: una, influenciada por el pensamiento de Tomás de Aquino, que pone el acento en la *comunidad*; la otra: la Escuela de pensamiento calvinista, pone el acento en el *individuo* pecador. Pues bien, el pensamiento económico del industrialismo va a germinar y crecer sobre el individualismo del calvinismo protestante y va a reprimir e ignorar la otra polaridad: la comunidad, sobre la que se basan las economías indígenas en la actualidad.

Galileo, como se sabe, separó, en la ciencia, lo cualitativo de lo cuantitativo, restringiéndola al estudio de fenómenos que pudiesen ser medidos y cuantificados. Este, por cierto, exitoso programa científico, en términos de desarrollo tecnológico, nos ha dejado, como efecto de esta separación, una "Tierra devastada", como dice Eliot, un mundo mecánico e inerte en el que los valores, las cualidades, la conciencia, la espiritualidad han sido desterrados de la ciencia moderna. A partir de entonces, la humanidad occidental ha ido olvidándose de dónde surgen los valores humanos; un olvido del vínculo: de las relaciones, de la red, que tiene que ver con el "olvido del ser" de la metafísica occidental. Pues bien, Dominique Temple nos lo vuelve a recordar: los valores humanos nacen, justamente, de la reciprocidad con el otro y con la naturaleza. Por consiguiente, nos las habemos con algo primordial y no con algo primitivo ("Utopía arcaica") y, por tanto, ya superado, como suelen pontificar los últimos modernos tercermundistas, cuando la modernidad ya ha pasado.

Ahora bien, esta separación dualista de las partes respecto del todo estaba latente, en el mito del Génesis, como una separación y distinción entre Creador y criatura, pero es, como hemos visto, con la ciencia galileo-newtoniana que esta distinción se introduce como la quintaesencia del método científico de la modernidad. Es decir, cuando el razonamiento crítico, el empirismo, el individualismo y el secularismo, se convierten en los valores dominantes de la época y empiezan a ofrecer las herramientas teóricas para conceptualizar esta nueva manera de producir, de trabajar y de consumir; vale decir, de vivir y morir bajo el reinado y la supremacía del Intercambio, a la cual empieza a supeditarse todo. En este contexto es que se produce una redefinición del hombre europeo como *homo economicus*.

Así, pues, la ciencia económica no fue ajena a esta evolución general de la civilización occidental. En este sentido, el Principio económico del Intercambio, lo cuantitativo, fue fundado en el siglo XVII, por Sir William Petty, paisano y amigo de Newton y contemporáneo de Descartes. El método de Petty proviene, igualmente, del ámbito de la traducción: reemplaza palabras y argumentos por cifras, pesos y medidas. De este modo, propuso un conjunto de ideas que se convirtieron en los ingredientes indispensables de las teorías de Adam Smith y los economistas posteriores.

Veamos algunos rasgos típicos para tener una comprensión de cómo también la economía está ligada al paradigma científico de su época. Petty, por ejemplo, analizó los conceptos newtonianos de "cantidad" y "velocidad" para aplicarlos al dinero y a su circulación; conceptos que se debaten hasta el día de hoy en las escuelas monetaristas. Otro ejemplo. A John Locke se le ocurrió la idea de que los precios eran determinados "objetivamente" por la Ley de la oferta y la demanda; ley económica que fue elevada a una categoría idéntica a la de las leyes de la mecánica newtoniana. Así, la interpretación de las curvas de la oferta y la demanda se basan en el supuesto de que todos los participantes en el mercado "gravitan" automáticamente y "sin fricción" alguna hacia el precio de "equilibrio" determinado por el "punto de intersección" de ambas curvas. Esta ley encajaba, así mismo, con la nueva matemática de Newton: el cálculo diferencial; pues se consideró, en ese momento, que la economía se ocupa de las continuas variaciones de cantidades muy pequeñas y dicha técnica matemática procesaba estas magnitudes con gran eficacia.

Este encuentro de la naciente ciencia económica del industrialismo con la mecánica y la matemática newtoniana, fue la base para querer hacer de la economía una ciencia matemática exacta. El problema es que las variables utilizadas, en estos modelos matemáticos, no pueden ser cuantificados con rigor, sino que se definen a partir de supuestos que cada vez se alejan más de la realidad. Este es el talón de Aquiles del pensamiento económico del industrialismo: demasiados supuestos que los epígonos tercermundistas ya ni se cuestionan, pues funcionan en un imaginario absolutamente teológico ("el modelo no se discute" como "no se discute la infalibilidad papal").

Otro ejemplo. Adam Smith aceptó la idea de que los precios se determinen en "mercados libres" por los efectos supuestamente equilibradores de la oferta y la demanda. Para ello, Smith basó su teoría económica en los conceptos newtonianos de "equilibrio", en las "leyes de movimiento" y en el supuesto de la "objetividad científica". Imaginó que los "mecanismos de equilibrio" del mercado operarían casi "instantáneamente" y sin "fricción" alguna. Es decir, que productores y consumidores se reunirían en el mercado, con el mismo poder y la misma información, y que la "mano invisible" del mercado guiaría los intereses individuales y egoístas de cada uno de tal manera que el efecto final de ese encuentro en el mercado produciría el bien común. Pues bien, esta metáfora, tan ligada a los supuestos mecanicistas del cosmos newtoniano, se sigue utilizando hasta el día de hoy en que ya no vige ese paradigma científico.

Pero es más; en realidad, ni ahora ni antes, se cumplieron esos supuestos. Es muy difícil, en efecto, que se pueda dar una información perfecta y libre para todos los participantes en determinada transacción; es, así mismo difícil, que todos puedan llegar al mercado con la misma fuerza y capacidad para hacer los negocios. El mismo concepto de "mercado libre" es problemático. Todos sabemos que, en las sociedades industrializadas, gigantescas corporaciones controlan el

15

suministro de mercancías; crean demandas artificiales mediante la publicidad y ejercen una influencia decisiva en las políticas nacionales. El poder económico y político de estos gigantes corporativos impregna todas y cada una de las facetas de la vida pública. Si es que alguna vez fueron posibles, los mercados libres, equilibrados por la oferta y la demanda, desaparecieron hace mucho tiempo.

John Maynard Keynes, contemporáneo de los físicos cuánticos, descartó el supuesto mecanicista del "observador objetivo". Esto le permitió pensar en una interacción deliberada entre el Estado y el Mercado, porque observó que el equilibrio económico de los Estados Nacionales del Industrialismo es, más bien, una excepción y no la regla. En efecto, si algo caracteriza a las economías nacionales es la fluctuación de los ciclos financieros. A fin de determinar la naturaleza de las intervenciones gubernamentales, Keynes desplazó su enfoque a variables macroeconómicas, como los ingresos nacionales, el volumen total de empleo etc. Al establecer relaciones simplificadas entre dichas variables logró mostrar que era posible efectuar cambios a corto plazo, sobre los que se podía influir con políticas bien precisas: acuñación de moneda, incremento o reducción de tasas de interés, aumento o disminución de los impuestos, aumento o disminución del precio de los carburantes, etc.

Ahora bien, como dice Hazel Henderson, el pensamiento económico actual es eminentemente esquizofrénico. Ha invertido casi por completo los postulados y axiomas de la teoría clásica, al punto que los propios economistas son los que crean los ciclos financieros; los consumidores se ven obligados a convertirse en inversores involuntarios y el mercado es dirigido visiblemente por las corporaciones multinacionales y los gobiernos de los diez países más industrializados. Y como si esto no significase nada, los neoclásicos siguen invocando la "mano invisible".

El modelo keynesiano, pues, y con él todas las escuelas económicas de la modernidad, se han convertido en inadecuadas por la cantidad de factores que excluyen metodológicamente, por seguir el principio de simplificación y reducción del paradigma cognitivo del industrialismo; "externalidades" éstas que, sin embargo, son fundamentales para la comprensión de los hechos económicos globales y una efectiva lucha contra la pobreza en el mundo. Por el camino unidimensional del Intercambio no se resolverá el problema de la pobreza, como cada día que pasa nos es demostrado con más contundencia por los Estados fallidos y las economías inviables del Tercer Mundo.

El grave problema de la economía, que alientan todas las políticas públicas, tanto globales como locales, es que se sigue basando en el paradigma científico newtoniano. La economía no ha sido repensada en los parámetros del nuevo paradigma científico técnico: cuántico, ecológico, comunicacional. Pues bien, el mérito de este texto es que Temple piensa la economía desde esta atalaya; es decir, desde una visión multidisciplinaria que en la comunidad científica se viene discutiendo, curiosamente, desde 1924, el mismo año en que Marcel Mauss generalizó a todas las sociedades humanas el descubrimiento de Malinowski de la reciprocidad, el mismo año en que Louis de Broglie generalizó al universo físico el descubrimiento de Planck y Einstein: todo en la naturaleza se manifiesta de dos formas contradictorias, corpúsculo y onda, materia y luz; en economía: intercambio y reciprocidad; en sociedad: individualismo y comunitarismo; en religión: monoteísmo y animismo..., sin que sea posible establecer, como dice Temple, un puente, una continuidad, entre ambas polaridades pues la conexión misma deviene contradictoria en sí misma.

Temple se pregunta "¿No hay, por ventura, alguna relación entre ese vacío cuántico, situado entre las manifestaciones antagónicas de la energía y el Tercero, nacido de las estructuras contradictorias de la reciprocidad?". Lévy-Bruhl sospechará la analogía; Leenhardt la aludirá y el físico Niels Bohr, invitado en 1938 al Congreso Internacional de Antropología de Copenhague, lo ilustrará. Pero será Stéphane

Lupasco el que convertirá esta parte del misterio en una cuestión central de la lógica actual. Muestra, en efecto, que una nueva teoría del conocimiento es necesaria y que esta teoría no debe situar la cuestión de la verdad en la no-contradicción, como se cree desde los griegos hasta hoy, sino, justamente, en lo contradictorio, como sostiene el nuevo paradigma científico técnico actual. He aquí el marco teórico para pensar la Economía (la complementariedad de los principios antagónicos del intercambio y la reciprocidad) en el siglo XXI.

Temple muestra cómo la estructura de reciprocidad se nos ha revelado como la matriz de lo que Lupasco teoriza como el "Tercero incluido". El Tercero nace de la reciprocidad, por lo menos de esa forma de reciprocidad que Aristóteles muestra simétrica, caracterizada por la *mesotês*, la medida justa, y la *isotês*, la buena distancia; Tercero que podría parecer metafísico si no fuera producido por la lógica misma de lo viviente: el consumo de la vida y de la muerte.

Temple desenmascara etnográficamente la fábula de Adam Smith que se inventa el cuento de un individuo movido solamente por su interés. Los primeros seres humanos, dizque, se habrían encontrado para repartirse entre sí cosas útiles. Pero he aquí, dice Temple, "que los valores de uso, que satisfacen los objetivos de la sobrevivencia, no pueden pretender transformar la mirada del salvaje en reflexión. El ser que deslumbra la mirada del hombre es algo más que la mera vida. Ahora bien, la única estructura natural, de la que nace una fuerza sobrenatural, es el cara a cara del hombre con el hombre. La reciprocidad entre los seres humanos engendra un valor, fuera de la naturaleza; el valor que Mauss no se atrevía a nombrar sino con un nombre misterioso tomado de los pueblos que viven en las antípodas de Europa: el *mana*. El ser humano, para ser, pone en juego su vida y su muerte en la reciprocidad. La reciprocidad es la cuna del ser social, de la conciencia y del lenguaje. Ningún interés egoísta lo llevó, en el curso de la historia, por sobre el deseo de engendrar más ser, por la reciprocidad, sino de una forma ilusoria. Los griegos, los jíbaro y los maorí nos propusieron una teoría de la reciprocidad que hace de ella la matriz del Tercero: sentimiento de potencia de ser (en el caso de los jíbaro), de ser viviente (en los maorí) de ser justo (en los griegos) y cuya extensión es la gracia. Aquí comienza lo que no tiene medida y no puede ser ciencia". Aquí comienza la multi-disciplinariedad compleja de la ciencia-mística del siglo XXI.

Pensar la Economía como la complementariedad del principio de intercambio y el principio de reciprocidad, va a permitir a la humanidad del siglo XXI volver a introducir los *valores* en las políticas económicas públicas, tanto locales como globales. No podemos seguir poniendo parches a un modelo económico unidimensional que, encima, no funciona en las sociedades no occidentales del Tercer mundo, justamente porque ellas nunca cedieron a la tentación luciferina de desterrar los valores y la afectividad de las relaciones interhumanas y de sus relaciones con la naturaleza.

Quisiera agradecer a Dominique Temple que ha puesto a nuestra disposición sus textos para alimentar un debate no sólo local sino global, sobre cómo, no sólo reducir la pobreza, sino producir abundancia y calidad de vida para todos. Desearía agradecer, así mismo, a Gunter Meinert, Asesor Principal del Componente Qamaña: Reducción de la pobreza y Debate público, por haber hecho posible esta edición.

Javier Medina

La Paz, septiembre de 2003.

PREFACIO A LA EDICIÓN DE 2003

En *Las Estructuras elementales del parentesco*[7], Lévi-Strauss propone considerar el principio de reciprocidad como el umbral entre la naturaleza y la cultura. Le agradece a Mauss haber descubierto que todas las sociedades humanas han sido fundadas por la reciprocidad. Le reprocha, empero, el no haber reducido la reciprocidad al intercambio. El intercambio, en efecto, le parece necesario para sobrepasar la contradicción inherente a la función simbólica de «percibir las cosas simultáneamente en relación a sí mismo y al otro»[8].

¿Pero cómo nace esta percepción contradictoria? ¿No es necesario que una relación de reciprocidad primordial permita a cada uno redoblar su percepción inmediata con aquella de quien tiene enfrente, de tal forma que ambos se relativicen mutuamente y comprendan el sentido que cobija el otro?

La hipótesis de este libro es que doquiera aparezca el sentido, la reciprocidad es su sede.

Así mismo, se interrogará a las sociedades de tradición oral que preservan las estructuras de reciprocidad en las que se origina el lenguaje.

En las comunidades primordiales, el ser social, engendrado por las *prestaciones totales*, abarca ciertamente a toda la humanidad. Sin embargo, los términos de parentesco limitan a las comunidades y las aíslan a las unas de las otras, cada una en su imaginario. Y es el don, probablemente, el que permitió abrir el círculo del parentesco hacia el mundo exterior.

---

[7] Claude Lévi-Strauss, *Les Structures élémentaires de la parenté* (1949), Paris-La Haye, Mouton & Co, 1967.

[8] Claude Lévi-Strauss, « Introduction à l'œuvre de Marcel Mauss », en M. Mauss, *Sociologie et anthropologie*, Paris, PUF, (1950), 1991, p. XLVI.

La ronda de los dones se alargó y las sociedades se conformaron como estados dispersos. En otras sociedades los seres humanos llevaron sus ofrendas al mismo altar, pero entonces su imaginario se constriñó bajo el yugo de uno solo. Ahora bien, de tales obligaciones, justamente, el intercambio fue la liberación: ofreció la igualdad, la libertad; multiplicó la eficiencia técnica y científica; se convirtió en la forma de integración dominante de la sociedad occidental; luego, se impuso sobre la tierra entera. A partir de entonces, los economistas imaginaron una continuidad entre la reciprocidad, generadora de valores humanos, y la competencia de intereses. Creyeron que el interés de cada cual era la información requerida para que el mercado pudiese satisfacer las necesidades de todos y que el bien común podría edificarse sobre el egoísmo.

Parece, más bien, que es la competencia de intereses la que conduce a la humanidad hacia peligros mortales. Frente a este riesgo absoluto, la crítica de la economía política debe ir a la raíz de las cosas: ¿Es el interés el motor definitivo de la economía humana? ¿Es el intercambio la mejor relación que los seres humanos puedan establecer entre sí?

Es cierto que, en las sociedades tradicionales, la reciprocidad está totalmente replegada sobre sí misma y transformada en propiedad familiar, étnica o nacional. El ser social, cosificado por el imaginario, es sin embargo reivindicado por cada comunidad como su bien propio. Es confundido con la identidad de los donadores o de los guerreros. Orgullo clánico, tribalismo, purificación étnica, comunitarismo: muy rápidamente se le atribuye, pues, lo contrario de la reciprocidad.

Así, pues, hay que liberar a la reciprocidad de los imaginarios en los cuales es alienada y hay que instituirla como la matriz, sin más, de la humanidad.

Los seres humanos entrevieron esta liberación a través de una forma de reciprocidad inesperada. La tesis de Florestan Fernandes[9], sobre la reciprocidad de los asesinatos entre los Tupinambá, puso de manifiesto toda la importancia que tiene la reciprocidad de venganza en las sociedades primitivas. Pero del mismo modo como Malinowski[10], respecto de la reciprocidad de dones, Fernandes se contenta con una interpretación funcionalista: la venganza protegería la identidad del grupo.

Nosotros sostendremos, por el contrario, que en la «reciprocidad negativa», lo que importa es la génesis del ser social entre los grupos. El hecho de que el ser social pueda nacer, tanto de la reciprocidad positiva como de la reciprocidad negativa y que las dos *formas* de reciprocidad sean equivalentes, conduce a la idea de que la reciprocidad es, por ella misma, la sede del ser. El ser, que vaya a nacer de la reciprocidad, deberá entonces ser buscado más allá de los imaginarios particulares del don y de la venganza.

Ya Homero, en la *Ilíada* y la *Odisea*, trata de liberar la reciprocidad de sus armarios de oro y púrpura. La *Ética a Nicómaco* nos mostrará cómo en la Grecia antigua la reciprocidad perfecta, que llamamos «simétrica», fue reconocida como la fuente de los valores políticos más altos: la justicia, la amistad y la gracia.

En todas las culturas antiguas, lo que fue revelado como ética fue vivido en el deslumbramiento de los mandamientos o bajo la amenaza del castigo. Pero, antes de seguir sufriendo una retahíla de experiencias de lo bueno y lo malo, impuesto por la tradición, la sociedad occidental se paró en seco y eligió

---

[9] Florestan Fernandes, *A função social da guerra na sociedade tupinambá*, São Paulo (1952), 2ª ed. Biblioteca Pioneira de Ciências Sociais Editora, Universidade de São Paulo, 1970.

[10] Bronislaw Malinowski, *Argonauts of the Western Pacific* (1922), trad. fr. *Les Argonautes du Pacifique Occidental*, Paris, Gallimard, 1963.

el intercambio y, con ello, la libertad. Hoy, ella está descubriendo los límites de la competencia y del libre cambio. Se interroga. Se preocupa en tener un conocimiento objetivo de las olvidadas estructuras de reciprocidad para controlar así la génesis del valor.

Así habremos dejado los jardines de la inocencia en los que crecían árboles llenos de flores, de miel y de frutos y habremos atravesado esta tierra quemada por la muerte, como el desierto etíope, para entrever un nuevo mundo en el que podamos plantar árboles de la vida y producir a gusto los valores humanos.

Algunos instantes antes de ser asesinado, Martin Luther King decía:

«Marchareis hacia la tierra prometida…»

I
MAUSSIANA
HOMENAJE A MARCEL MAUSS

EL TERCERO
EN LA RECIPROCIDAD POSITIVA

1. El don es lo contrario del intercambio

Bronislaw Malinowski redescubrió en 1922, en *Los Argonautas del Pacífico*, la economía del don. El año siguiente, Marcel Mauss generaliza sus observaciones. Mauss cosecha los hechos en las sociedades de la antigüedad y en ciertas sociedades contemporáneas que llama «arcaicas». Y, he aquí, que esos hechos hablan. Destruyen la fábula del *homo economices*, donde los individuos no tienen otra inquietud que no sea la de procurarse los bienes que les son necesarios. En el alba de la era industrial, los primeros teóricos de la economía política habían imaginado que toda economía reposa sobre un mismo fundamento: el intercambio mercantil.

Adam Smith, por ejemplo, observaba cómo sus contemporáneos calculaban todo por interés y no vacilaba en generalizar su comportamiento a la humanidad entera. La división del trabajo se desprendería de una tendencia natural del hombre a traficar e intercambiar sólo en su propio interés.

Por ejemplo, en una tribu de cazadores o pastores, un individuo hace arcos y flechas con más celeridad y destreza que otro. Trocará frecuentemente esos objetos con sus compañeros por ganado o caza y no tardará en darse cuenta de que, por este medio, podrá procurarse más ganado y caza que si él mismo fuera a cazar. Por cálculo de interés, entonces, convierte la fabricación de arcos y flechas en su principal ocupación[11].

Si Adam Smith hubiera podido observar una sociedad de cazadores de verdad, antes que construir un relato-ficción,

---

[11] Adam Smith, *An Inquiry into the Nature and Causes of the Wealth of Nations* (1776), trad. fr. *Recherches sur la nature et les causes de la richesse des nations*, Paris, Gallimard, (1947), 1976, p. 49.

27

habría constatado que el arco o la caza, incluso producidos en demasía por el trabajo del cazador, nunca es intercambiado sino siempre donado. El don está en el principio del reconocimiento del otro. Pero la génesis del ser social es, inmediatamente, la razón de una economía humana, ya que si hay que donar para ser, para donar hay que producir. La reciprocidad de dones no es, pues, una forma arcaica del intercambio; ella es otro principio de la economía y de la vida.

El *Essai sur le don*, de Marcel Mauss[12], establece la distinción entre el intercambio comercial, interesado, y el sistema de don, en el que reinan la nobleza y el honor. En el sistema de don, el desinterés del donante es la condición de su prestigio.

Sin embargo, los dones vuelven, son recíprocos, son necesariamente devueltos. La «obligación» de devolver parece desmentir la gratuidad de los dones. La gratuidad, por tanto, sería aparente, una ficción, una mentira social, la máscara de un intercambio interesado. Además, si se pierde prestigio al recibir, ese prestigio se convierte en tenencia. Las riquezas se tornan inmediatamente en simbólicas. Y si el intercambio económico no es visible en la adquisición de prestigio, es simplemente porque se encuentra mezclado con ella.

Así, pues, se mantiene la tesis del intercambio universal. Arcaico o diferenciado, el intercambio queda como el común denominador de las prestaciones sociales, económicas, espirituales o materiales. En el *Ensayo*, Mauss sitúa el «intercambio-don» como un punto de pasaje entre las prestaciones totales originarias y los intercambios modernos. Las comunidades semita, griega, latina, germánica, que están en el origen de la civilización occidental actual, ¿no estaban

---

[12] Marcel Mauss, « Essai sur le don. Forme et raison de l'échange dans les sociétés archaïques » (1923), 2ª ed. en *Sociologie et anthropologie*, Paris, PUF, (1950), 1991. Trad. en español: «Ensayo sobre el don», en *Sociología y antropología*, Madrid, Ed. Tecnos, 1991.

construidas sobre los mismos principios que las sociedades de
don que se observan aún hoy en día? Así la historia
testimoniaría la evolución del intercambio a partir de
prestaciones primitivas donde la comunicación entre los
hombres sería, a la vez, intercambio de cosas y comunión
entre los seres, hasta las diferentes comunicaciones: espiritual,
afectiva, material, de los tiempos modernos.

Se puede objetar a esta tesis que si sociedades fundadas
sobre el intercambio comercial proceden históricamente de
sociedades organizadas por la reciprocidad, ello no significaría
necesariamente que el intercambio provenga del don. El
intercambio y el don pudieron coexistir y afrontarse desde el
origen y el intercambio sobreponerse, por ejemplo, en la
sociedad occidental.

Pero la coherencia de su teoría no deja de ser
decepcionante incluso para el propio Mauss. Él vuelve
incesantemente sobre el vocabulario del intercambio y el
interés; esas palabras típicamente europeas, dice, que se
aplican tan mal a lo que se quiere decir. Y deja la palabra a los
indígenas melanesios que son, como lo reconocerá Claude
Lévi-Strauss[13]: «*los verdaderos inventores de la teoría moderna de la
reciprocidad*». Pero los «indígenas» hacen referencia a un motor
de prestaciones económicas diferente al del interés; motor al
que Mauss da un nombre polinesio: el *mana*.

Lévi-Strauss dirá, en su introducción a la obra de Mauss,
que el *mana* es símbolo puro, un significante «flotante», pero
dotado de una función semántica decisiva: la de ser una *llave
maestra*; Mauss remarca, en otra parte, que juega el papel de la
cópula en la proposición, como la palabra «ser».

Ahora bien, todas las actividades humanas que se
inscriben en la reciprocidad: matrimonios, dones, asesinatos,
guerras, reciben inmediatamente un sentido. El *mana*, ese

---

[13] Lévi-Strauss, « Introduction à l'œuvre de Marcel Mauss », *Sociologie et
anthropologie*, Paris, PUF, (1950), 1991, p. XXXIII.

concepto «vacío», ¿no expresa entonces la plenitud del sentido, dado de entrada al ser humano o, más bien, creado por él desde que entra en una relación recíproca? El *mana* es el valor de la reciprocidad, un Tercero entre los hombres, que no está ya ahí, si no para nacer, un fruto, un hijo, el *Verbo* que circula, que da a cada uno su nombre de ser humano y al universo su sentido.

El don, para los Kanak, es *'No'*. *'No'* es también la palabra de la que el Gran Hijo de la comunidad recibe la responsabilidad. Si el *don* establece un lazo entre donante y donatario, si es una palabra, es porque se inscribe en la reciprocidad. ¿Es aún posible reducir la reciprocidad al intercambio? ¿No se debería, acaso, volver a cuestionar la interpretación del *Ensayo sobre el don*, yendo, justamente, en la dirección que indica Mauss cuando cede la palabra a los Kanak y a los Maorí?

Entre todos los caminos, a veces contradictorios, que Mauss abrió, proponemos seguir el de una crítica radical al intercambio. Desde ya, la obra de Marx contiene una tal crítica que apunta no solamente a la desigualdad del intercambio, sino también al intercambio mismo. En el intercambio comercial, en efecto, la relación entre los productores reviste «la forma fantástica de una relación de las cosas entre ellas»: no hay, en el intercambio, más que cosas intercambiadas. Por el contrario, en la relación de reciprocidad, Marx descubre un Tercero indiviso, espiritual, puramente humano, que llama Humanidad, producido por la reciprocidad y que el intercambio destruye[14]. Más tarde, los hechos reportados por los etnógrafos, Franz Boas, de la costa oeste de América del Norte, y Bronislaw Malinowski, de las Islas del Pacífico, pondrán de manifiesto que la reciprocidad no es una utopía y que es practicada por innumerables

---

[14] Karl Marx, *Manuscrits de 1844*, Paris, Éd. Sociales, 1972, p. 33-34.

comunidades. Sólo la sociedad occidental moderna la ha restringido a las esferas estrechas de la vida privada. Incluso cuando el intercambio triunfa en la economía, la reciprocidad queda como el fundamento secreto de la relación social, de la justicia e incluso de otra economía. Mauss piensa que la moral y la economía del don aún animan nuestra civilización. «Tocamos la roca», dice:

> El sistema que proponemos denominar sistema de prestaciones totales, de clan a clan –aquel en el que individuos y grupos intercambian todo entre ellos– constituye el sistema económico y jurídico más antiguo que podemos observar y concebir. Constituye el trasfondo sobre el que se ha creado la moral del don-cambio. Guardando las diferencias, es exactamente hacia ese tipo de sistema, hacia el que deberían moverse nuestras sociedades[15].

¿No es esta la visión que entusiasma a sus lectores? El principio de reciprocidad, fundamento de los valores éticos, ¿no es él la clave de la economía del futuro, de una economía del ser?

1 - El alma y las cosas

Según Mauss, probablemente nunca ha existido, en un pasado próximo o remoto, «nada que se asemeje a lo que se llama Economía natural»[16]. Si los sociólogos o los economistas imaginan que las prestaciones de todas las sociedades humanas se construyen a partir del trueque, es en virtud de meros

---

[15] Mauss, « Essai sur le don », *op. cit.*, p. 264.
[16] *Ibíd.*, p. 150.

prejuicios. Las prestaciones primitivas toman la forma de dones de regalos ofrecidos generosamente. Tres obligaciones interdependientes las rigen: dar, recibir, devolver.

Nos encontraremos fácilmente con gran cantidad de hechos relativos a la obligación de recibir, ya que clan, grupo, familia y huésped no son libres de no pedir hospitalidad, de no recibir los regalos que se les hacen, de no comerciar, de no contraer una alianza, por medio de las mujeres o de la sangre[17].

Y, por cierto, se está obligado a dar:

Tanto negarse a dar como olvidarse de invitar o negarse a aceptar, equivale a declarar la guerra; pues es negar la alianza y la comunión[18].

Cada una de estas obligaciones crea un lazo de almas entre los actores del don. Dar instaura una alianza, un lazo espiritual, una comunión, pero recibir (y también tomar) permite igualmente unir al otro a sí, ligarlo. En nombre de ese lazo espiritual, hay, incluso, como un derecho de propiedad sobre el don de otro, por parte de aquel que toma o recibe. La cosa donada se convierte en el testimonio de ese lazo entre almas que se instaura entre ambas partes. Ella es la expresión de su ser común, pero está marcada por el sello de aquel que ha tomado la iniciativa de la relación; refleja, en efecto, el rostro del donante; es el emblema de su nombre. El retorno del don se explicaría por esta fuerza que estaría presente en la cosa donada: el lazo entre almas manifestado por el nombre inalienable del donante. De esta guisa, los *taonga*, objetos preciosos de los Maorí, parecen animados por una fuerza de retorno a su origen:

---

[17] *Ibíd.*, p. 161-162.
[18] *Ibíd.*, p. 162-163.

Los *taonga* están, al menos en la teoría del derecho y de la religión maorí, estrechamente ligados a la persona, al clan y a la tierra; son el vehículo de su *mana*, de su fuerza mágica, religiosa y espiritual. En un proverbio felizmente recogido por sir G. Grey y C. O. Davis, se les ruega destruir al individuo que los ha aceptado. Por lo tanto, tienen en sí esa fuerza para el caso en que no se cumpla el derecho y sobre todo la obligación de devolverlos[19].

Mauss se aplica especialmente a hacer justicia a la obligación de devolver y se pregunta:

¿Qué fuerza hay en la cosa que se da que hace que el donatario la devuelva?[20]

Las cosas se devolverían porque participarían del alma de quien las da. Por ejemplo, en Polinesia:

Se comprende clara y lógicamente que, dentro de este sistema de ideas, hay que dar a otro lo que en realidad es parte de su naturaleza y sustancia; ya que, aceptar algo de alguien, significa aceptar algo de su esencia espiritual, de su alma[21].

Si bien Mauss interpreta el don como un intercambio arcaico, no lo hace en el sentido utilitarista, donde el donante debería recuperar su bien, recuperar lo suyo, sino porque el donante quiere resguardar su *mana*, su nombre, su integridad espiritual. Y como, finalmente, la cosa termina siendo parte de la identidad del yo, el donatario debe respetar el interés del donante. Porque atañe al nombre, es que la cosa dada no es inerte y tiene tendencia a volver a su «hogar de origen» o «a

---

[19] *Ibíd.*, p. 157-158.
[20] *Ibíd.*, p. 148 (subrayado por Mauss).
[21] *Ibíd.*, p. 161.

producir, para el clan y el suelo del que ha venido, un equivalente que la reemplace».

Es más: los dones incluso matan. A los dones se les pide matar realmente; quedan cargados con una fuerza de venganza cuando no son devueltos. «Confieren un poder mágico y religioso sobre uno». El *mana* del donante, encerrado en la cosa misma, podría así transformarse en espíritu de venganza y matar al donatario, si éste no salda sus obligaciones de reciprocidad.

Se reprochó a Mauss haber atribuido un lugar demasiado importante al *mana*. De alguna manera, la tesis propuesta aquí defenderá la idea inversa: Mauss percibió justamente que la matriz del lazo de almas, del *mana*, se encontraba en la obligación de devolver. Pero su búsqueda se limitó a la sola reciprocidad de dones, y es tal vez por eso que no pudo llegar a una teoría de la reciprocidad.

Se debe, pues, retomar su análisis y, sin duda, proseguirlo en otra dirección que la elegida por los teóricos del intercambio.

En los orígenes, según Mauss, el don interesaría no solamente a las cosas, sino al ser:

> Por el momento, lo que ha quedado claro es que para el derecho maorí, la obligación de derecho, obligación por las cosas, es una obligación entre almas, ya que la cosa tiene un alma, es del alma. De lo que se deriva que ofrecer una cosa a alguien es ofrecer algo propio[22].

Que, para el alma primitiva, el ser y las cosas estén mezclados, es lo que ya sugiere la evocación de las «prestaciones totales», al principio del *Ensayo*. De entrada, no son individuos los que «intercambian», sino comunidades, a través de sus jefes.

---

[22] *Ibíd.*, p. 160-161.

Además, lo que intercambian no son exclusivamente bienes o riquezas, muebles e inmuebles, cosas útiles económica-mente; son sobre todo gentilezas, festines, ritos, servicios militares, mujeres, niños, danzas, ferias…[23].

Parece reinar cierta confusión en esta circulación general de riquezas materiales y espirituales:

> En el fondo, todo es una combinación donde se mezclan las cosas con las almas y al revés. Se mezclan las vidas y precisamente el cómo las personas y las cosas mezcladas salen, cada uno de su esfera, y vuelven mezclarse, es en lo que consiste el contrato y el cambio[24].

Mauss no pretende tratar, en el *Ensayo sobre el don*, de esas prestaciones totales originarias en las que no solamente se da *de todo*, sino en las que se da *todo*. Anuncia, como su tema, lo que llama el «intercambio-don»: un «sistema de regalos que se dan y se devuelven a plazos»[25]. Pero se refiere a las prestaciones totales originarias para dar cuenta del sincretismo que, según él, persistiría en las comunidades organizadas por el don. Vuelve sin cesar al tema de la mezcla para comprender lo que hace mover los dones. Mientras que las sociedades modernas distinguen claramente derechos reales y derechos personales, lo material y lo espiritual, las sociedades primitivas, por su parte, los confundirían:

> Todas estas instituciones sirven para expresar un hecho, un régimen social, una determinada mentalidad: la de que todo, alimentos, mujeres, niños, bienes, talismanes, tierra, servicios, oficios sacerdotales y rangos son materia de transmisión y rendición. Todo va y viene como si

---

[23] *Ibíd.*, p. 151.
[24] *Ibíd.*, p. 173.
[25] *Ibíd.*, p. 199.

existiera un cambio constante entre los clanes y los individuos de una materia espiritual que comprende las cosas y los hombres, repartidos entre las diversas categorías, sexos y generaciones[26].

Si lo material y lo espiritual están mezclados, se puede concebir que la cosa donada lleva consigo algo del ser del donante que, al donar un objeto, se dona a sí mismo. Mauss piensa confirmar su tesis de la mezcla con la idea de símbolo. Los regalos, ¿no son un símbolo de sentimientos y, por tanto, el intercambio es un intercambio simbólico?

La dimensión económica del don puede incluso borrarse completamente. Cita a Radcliffe-Brown a propósito de los isleños de Andamán: ocurre que cada familia dispone desde ya lo que la otra le puede ofrecer. La finalidad de los dones, explica Radcliffe-Brown, es entonces «ante todo moral»:

> El objetivo es producir un sentimiento de amistad entre las dos personas en juego, y si no se consigue este efecto, la operación resulta fallida[27].

Más que la idea de producción, Mauss retiene la de equivalencia entre el sentimiento y el regalo. El regalo expresa un sentimiento que ya existe. Si las cosas tienen entonces un alma, son del alma; su intercambio crea la unidad social. A propósito de ello, Mauss remite a uno de sus artículos precedentes en el cual mostraba que las manifestaciones afectivas de las comunidades humanas primitivas presentan los mismos caracteres que las prestaciones totales: son fenómenos sociales, «obligatorios y colectivos». Además:

---

[26] *Ibíd.*, p. 163-164.

[27] Alfred Radcliffe-Brown, *Andaman Islanders: A study in social anthropology* (1922), citado por Mauss, en « Essai sur le don », p. 172.

(...) son más que simples manifestaciones, son signos, expresiones comprendidas, en pocas palabras: son un lenguaje. Esos gritos, son como frases y palabras. Hay que proferirlos, pero si hay que hacerlo, es porque todo el grupo los comprende (...). Es esencialmente una simbólica[28].

Uno ya no se asombrará por la indiferencia que muestran las comunidades, en ciertas circunstancias, hacia el valor utilitario de los objetos ofrecidos: ¡no tiene importancia en relación a su valor simbólico! Pero para dar cuenta de lo simbólico, ¿puede uno contentarse con atribuir a los primitivos y, por extensión, a los «indígenas», una confusión entre el alma y las cosas, y reducir el símbolo a una mezcla? Para Mauss, todo va y viene, porque, en el regalo, el sentido está oscuramente mezclado al objeto. Mas que suscitar afectividad, el regalo la transporta consigo mismo. Se la recibe al recibir el objeto. Y Mauss multiplica los ejemplos: los *taonga* llevan consigo el *mana* del donante; al dar algo, se da de sí mismo.

Como para ilustrar esta idea, Maurice Leenhardt descubrió, en los Kanak de Nueva Caledonia, una relación esencial entre el don, supuestamente más antiguo, el de los víveres, y el ser mismo del hombre:

> Esas primicias, esas ofrendas, que encerramos en nuestro lenguaje endurecido por términos de constreñimiento, obligación, tributo y prestación, el Caledonio los designa, en su lengua, con una sola palabra, que se tradujo por don de amabilidad, *ëvïë* (...). El don al jefe es un don de amabilidad ya que donar, en Melanesia, no significa abandonar un objeto a fondo perdido. Donar es ofrecer algo de sí mismo; es cumplir el acto que establece

---

[28] Marcel Mauss, *Œuvres*, (3 tomes), t. 1 *Les fonctions sociales du sacré*, Paris, Éd. de Minuit, 1968, p. 88.

la correspondencia con otro e incitarlo, a su vez, a ofrecer de sí mismo; donar es intercambiar[29].

Leenhardt observó, asimismo, entre los Kanak de la región de Houaïlou, una equivalencia inmediata entre don y palabra. Los Kanak llaman '*No*' a la palabra. '*No*' es, pues, el contenido de toda idea, de todo conocimiento, de toda representación o discurso. Pero he aquí que la ofrenda es también «considerada como palabra» y se llama '*No*'.

En toda ceremonia familiar, se prepara un pequeño montón de víveres, depositado cuidadosamente sobre hierbas rituales. Y cuando todo está listo y decorado, las personas se disponen en medio círculo; el orador avanza: estos víveres, dice, son nuestra palabra. Y explica su razón de ser. No ocurre de forma distinta con la ofrenda sacrificial (...). Así, el don lleva en sí mismo su significación y la declaración que lo acompaña en varios rituales es un acto suplementario[30].

Los dones son palabras, nombran el ser: son dones del ser. Parece definitivamente confirmado que «donar es ofrecer algo de sí mismo»: el *mana* polinesio es una riqueza espiritual que puede encarnarse en objetos. Se la da al dar el objeto. Recíprocamente, «aceptar algo de alguien significa aceptar algo de su esencia espiritual, de su alma»[31].

Lo mismo ocurre con los objetos preciosos de los Trobriandeses, los *vaygu'a*, puestos en circulación en la célebre *kula*.

---

[29] Maurice Leenhardt, *Do Kamo. La personne et le mythe dans le monde mélanésien*, Paris, Gallimard (1947), 1985, p. 193-194.

[30] *Ibíd.*, p. 215.

[31] Mauss, « Essai sur le don », *op. cit.*, p. 161.

Cada uno, al menos los más apreciados y codiciados, tienen un mismo prestigio, tienen un nombre, una personalidad, una historia, incluso una leyenda. Tanto, que algunos individuos les piden su nombre prestado[32].

Formidables competencias por merecer el homenaje de esos regalos animan toda la vida económica y social de los Trobriandeses. El ser es designado, por el mismo «indígena», como objeto de don y Mauss tiene buenas razones para creer que la circulación del ser es idéntica a la circulación de las cosas. Por consiguiente, ¿hay que mantener la tesis de la mezcla? ¿Puede hablarse, acaso, de confusión entre el ser y las cosas, si se tiene en cuenta que los donantes se toman el cuidado de designar ciertos objetos como portadores de ser? El mismo Mauss opera una distinción capital entre dos tipos de bienes:

> En primer lugar, al menos los Kwakiutl y los Tsimshian hacen la misma distinción entre las diversas formas de propiedad que los Romanos, los Trobriandeses o los Samoanos. Para ellos, existe por un lado, los objetos de consumo que se reparten [nota de Mauss: quizás también de venta]. (No he encontrado rastro de intercambio de ellos), y por otra parte, las cosas de valor de la familia, los talismanes, los cobres blasonados, las colchas de pieles, o de telas bordadas. Estos últimos se transmiten con tanta solemnidad como se transmiten las mujeres en el matrimonio, los "privilegios" al yerno, los nombres y los grados a los niños y a los yernos[33].

Mauss reserva toda su atención a la segunda categoría: los objetos preciosos que son designados como representantes del nombre y que son transmitidos con la misma solemnidad que

---

[32] *Ibíd.*, p. 180-181.
[33] *Ibíd.*, p. 214-215.

el nombre mismo. Pero ¿qué ocurre con los bienes ordinarios: los alimentos y los bienes de uso?

Sólo serían objetos de «vulgar repartición». La repartición, pues, está excluida de la categoría maussiana del intercambio-don. Sin embargo, el repartir es una redistribución; por tanto, también esos bienes son donados. ¿No tendrían ellos, entonces, ninguna relación con el ser? Cualquiera que fuese la naturaleza de la cosa dada, objeto de repartición u objeto simbólico, ¿no sería una cualidad espiritual producida por el acto mismo de donar y que, por consiguiente, estaría relacionada con el sujeto del don? Las observaciones de Mauss muestran, abundantemente, que el don equivale, para su autor, a un acrecentamiento de la conciencia de ser, a un incremento de autoridad y de renombre.

Así, pues, donar ya no es ofrecer algo de sí mismo, sino adquirir algo de sí mismo. La materialidad y la espiritualidad no están, aquí, ligadas a un estatuto común de objeto; ellas se oponen en dos estatutos diferentes, pero están unidas por una relación de contradicción: lo espiritual aparece adquirido por el donante en tanto que lo material es adquirido por el donatario. Así, pues, acudir a la noción de intercambio no es necesario para explicar esos dones. Si todo don puede ser a la vez material y espiritual, en razón de que es don material y adquisición espiritual, ya no tiene necesidad alguna de una contrapartida para ser justificado. Desde el momento que el otro acepta recibir, que la relación intrínseca entre el don de cosas materiales y el nombre que éste le vale al donante es reconocida, el don tiene su razón en sí mismo. Aparentemente, todo va y viene, lo material y lo espiritual, pero sus movimientos no son idénticos. Material y espiritual no pueden estar mezclados indistintamente como objetos de intercambio: están unidos por un lazo sistémico que encadena la suerte del uno a la suerte del otro. Ese lazo no es una mezcla, no es una aposición; es una *conjunción de contradicción*, un lazo lógico[34], indesatable, de contradicción, que une el Don y el Nombre. Decir que la adquisición de lo espiritual está unida a la alienación de lo material es, sin embargo, impropio ya que esta adquisición es un acrecentamiento del ser y no del haber. No sólo que la noción de intercambio no es necesaria, sino que es errónea. El que da, por el hecho de dar, crea él mismo el valor de prestigio correspondiente. ¡Ni intercambia ni compra! El prestigio nace del don; se relaciona a aquel que toma la iniciativa: al donante, para constituir su propio nombre, su renombre, el valor del renombre.

Ahora bien, en las prestaciones totales, no hay intercambio general en el cual todo va y viene de la misma manera, en el cual se cede, se toman los honores y los títulos como se toma o cede la cerveza o la yuca. Por tanto, el don le vale al donante su ser, su prestigio, cualquiera que sea el sentimiento o la opinión del otro. Este no puede nada, debido a que aquel, al dar por ejemplo sus víveres, adquiere su nombre de humano; así como tampoco puede nada sobre el hecho de que, al aceptar sólo recibir, pierde su prestigio.

«A los dones se les ruega destruir al individuo que los ha aceptado». Es posible interpretar literalmente este proverbio maorí, ya que el don es muerte para quien lo acepta. *Se muere* por no dar, por no redistribuir, por sólo recibir, ya que el don es vida para el que da. Al que recibe el don se le dice *moribundo*, ya que está en la situación dialéctica de la muerte con relación a la vida, de recibir y no de dar. Si dar es adquirir prestigio, recibir es perderlo, disminuir: morir en su ser. Es por ello que el donatario da, a su vez, para estar vivo, para tener *mana*. Tal es

---

[34] Esta conjunción de contradicción de lo material y de lo espiritual corresponde a los conceptos de «actualización» y «potencialización», de la *Lógica de lo Contradictorio*, de Stéphane Lupasco, *Le príncipe d'antagonisme et la logique de l'énergie* (1951). Véase, el Tomo II, 1ª parte: «Los fundamentos lógicos», p. 15-63.

el principio de la *dialéctica del don*, principio que puede explicar enseguida por qué el don vuelve a su origen, simulando un intercambio de equivalentes. Es que nadie quiere perder su alma al solamente recibir. Si hay ser que se engendra a nivel del don, cada uno quiere participar del ser: quiere ser. Ese deseo no se hace patente sino con la competición de los dones: entonces los espejismos del prestigio se apoderan de los imaginarios; cada donante quiere imponer el crecimiento de su nombre. Pero, para que estas exasperaciones del don sean posibles, ¿no es necesario que la misma conjunción lógica del Don y del Nombre exista desde el origen de la función simbólica, en las formas más apacibles del don, antes que la pretendida mezcla del ser y las cosas?

Sin duda, la reciprocidad tiene un carácter más originario de lo que la dialéctica del nombre nos lo deja suponer. Tendremos, finalmente, que hacer justicia a Mauss por haber descubierto la relación primordial de la obligación de devolver y del lazo de almas. Pero ni la mezcla del sujeto y el objeto, ni el intercambio de estos objetos mezclados de almas, son categorías pertinentes para percibir la anterioridad fundamental de la reciprocidad sobre el don. Y, en la dialéctica del don, el lazo de almas se reduce a una conjunción lógica entre Don y Nombre.

2 - El nombre del don

¿Qué fuerza vela por el retorno de los dones? Los hechos responden de forma luminosa: es la fuerza del nombre del ser humano; es la fuerza del prestigio ligado al acto del don. El don es el principio del rango, de la jerarquía, del prestigio. El Don es el Nombre. Inversamente, recibir es disminuir, perder su nombre, hacerse esclavo, morir. Se comprende, entonces, que cada cual quiera dar y que, para ser donante, esté impulsado no solamente a igualar los dones del otro, sino a incrementarlos. Este aumento puede conducir a una competencia comparable a la competencia que libran los sujetos del intercambio. Ambos son fuerzas motrices del crecimiento. Pero he aquí que la competencia, en la redistribución, tiene por objetivo el prestigio; la competencia, en la acumulación, tiene por objetivo la ganancia. Mauss evoca los paroxismos alcanzados por la competencia entre donantes, en las comunidades indias del noroeste americano. En el *potlatch* se da, pero también se tira, se despilfarra: se destruye.

> En algunos casos, ni siquiera se trata de dar y tomar sino de destruir, con el fin de que no parezca que se desea recibir. Se queman cajas enteras de aceite de *olachen* (vela de pescado) o de aceite de ballena; se queman casas y miles de colchas; se rompen los mejores cobres, que se hunden en el agua con el fin de aniquilar, de "aplanar" al rival[35].

El *potlatch* muestra que el prestigio no depende de la acumulación, sino de la prodigalidad. A la inversa de la economía de intercambio, en la que el gasto, incluso suntuario, está siempre ordenado hacia una acumulación; aquí el consumo, bajo forma de don, es tan imperativo que incluso cuando todos los deseos son satisfechos, el prosigue aún, se transforma en consumación, como por el placer de revelarnos la lógica del don. Así, pues, la estructura del ciclo económico está al desnudo: el renombre está fundamentalmente unido a la gratuidad del don, a su consumo y este consumo determina la producción.

Cuando Mauss interpreta el *potlatch* se aproxima mucho a las categorías de la economía del don. Reconoce que la nobleza es proporcional a la generosidad de la distribución.

---

[35] Mauss, « Essai sur le don », *op. cit.*, p. 201-202.

Es, pues, un sistema de derecho y de economía en que se gastan y se transfieren constantemente riquezas considerables. Esta transferencia se puede denominar, si se quiere, cambio, comercio o venta; pero es un comercio noble, lleno de etiqueta y generosidad, ya que cuando se lleva a cabo con espíritu de ganancia inmediata, es objeto de un desprecio muy acentuado.

Con un lujo deslumbrante de ilustraciones, describe la gloria del nombre, acrecentándose con cada aumento del don:

En ningún otro lugar, el prestigio individual del jefe y de su clan está más ligado al gasto...[36].

Un jefe Kwakiutl dice: "Este es mi orgullo; los nombres, los orígenes de mi familia, todos mis antepasados han sido... (y aquí declina su nombre que es también un título y un nombre común) donantes de *maxwa* (gran potlatch)"[37].

El nombre de quien da el potlatch «toma peso» por el potlatch que da, y «pierde peso» si acepta uno...[38].

Insiste sobre la exasperación de la rivalidad por el prestigio:

(...) hasta dar lugar a una batalla y a la muerte de los jefes y notables que se enfrentan así; por otro lado, a la destrucción puramente suntuaria de las riquezas acumuladas con el objetivo de eclipsar al jefe rival que es también un asociado (...)[39].

No poder dar equivale a perder la cara:

---

[36] *Ibíd.*, p. 200.
[37] *Ibíd.*, p. 206, nota 2.
[38] *Ibíd.*, nota 4.
[39] *Ibíd.*, p. 152.

El noble kwakiutl y haïda tiene exactamente la misma noción de "cara" que el letrado o el oficial chino. De uno de los grandes jefes míticos que no daba potlatch se decía que tenía la "cara podrida". Aquí la expresión es más exacta que en China, pues en el noroeste americano, perder el prestigio es perder el alma y es de verdad la "cara", la máscara de baile, el derecho a encarnar un espíritu, de llevar un blasón, un tótem; es de verdad la *persona*, que se ponen así en juego, que se pierde con el potlatch, en el juego de los dones, del mismo modo que se puede perder en la guerra o por cometer una falta en el rito[40].

Una nota sobre el *potlatch* de redención de cautivos precisa:

> Ya que se hace no sólo para recuperar al cautivo, sino también para restaurar "el nombre", que la familia, que le ha dejado hacerse esclavo, debe dar un *potlatch*[41].

En pocas palabras: no dar es morir, dar es revivir. Haïyas, según el mito, que a perdido la «cara» al juego... muere. Sus hermanas y sobrinos se ponen de luto, dan un *potlatch* en revancha y resucita[42].

> (...) un viejo jefe no daba suficientes de potlatch; los demás dejaron de invitarle y se murió. Sus sobrinos le hicieron una estatua, dieron una fiesta, diez fiestas en su nombre: entonces revivió[43].

Mauss está, pues, muy cerca de admitirlo y los hechos que reúne lo dicen: el don crea el nombre. Don y nombre están en

---

[40] *Ibíd.*, p. 206-207.
[41] *Ibíd.*, p. 207, nota 3.
[42] *Ibíd.*, p. 200, nota 4.
[43] *Ibíd.*, p. 208, nota 5.

una relación necesaria. Y, sin embargo, no se atreve a hacer del prestigio la razón del don. Constata que la nobleza es proporcional a la redistribución, pero no va hasta ligar, de forma intrínseca, el prestigio, el nombre del ser viviente o del ser humano, al acto del don. El prestigio es el imaginario del don, pero bajo este imaginario, le parece que debe esconderse una realidad más profunda que explica el retorno del don y el carácter obligatorio de éste bajo la apariencia de la gratuidad.

Mauss llama intercambio a esta realidad escondida, ya que sería siempre motivada por el interés. Pero ¿qué interés? En las sociedades de don, las operaciones económicas se hacen «con otro espíritu» diferente del espíritu con el que se efectúa el intercambio comercial. La utilidad y el interés comercial no son la última razón de los «intercambios». «Hay un interés, pero éste es sólo análogo al que, se dice, hoy nos guía»[44]. El *interés* del donante es un interés superior, no material, cierto, pero el prestigio, el rango, la autoridad, el honor, el *mana* se convierten en riqueza, en un bien objetivo, que se podrá muy bien alienar como un valor de intercambio.

> Se diría que el jefe trobriandés o tsimshian actúa, marcando las diferencias, al modo del capitalista, que sabe deshacerse de su moneda en el momento adecuado, para volver a formar de nuevo, a continuación, su capital móvil[45].

De esta guisa parece, pues, que el interés queda como el móvil de todas las transacciones humanas.

---

[44] *Ibíd.*, p. 271.
[45] *Ibíd.*, p. 269.

3 - ¿El honor o el crédito?

Incluso si no buscara más que el honor, el donante no dejaría de referirse a su identidad. El honor y lo útil responderían a la misma motivación del interés. Mauss desea mostrar, igualmente, que este interés muy general está en el origen de aquel que preside el intercambio económico. La mezcla de lo espiritual y lo material justificaría que, en el origen, el honor pudiera ser confundido con bienes materiales; que pudiera ser su equivalente. Al tomar por asalto los dones y sus aumentos para adquirir honor, los donantes no deberían entonces perder nada de sus inversiones, sino sólo disponer de ellas bajo una forma diferente. Es por ello que se puede aplicar, al deseo de prestigio, las fórmulas que utilizan los economistas para el interés material. De este modo, Mauss trata de reconciliar crédito y honor, prestigio y beneficio, comprometiéndose en un terreno en el que varios de sus sucesores se atascarán. Se puede, en efecto, imaginar que el donante intercambia dones contra prestigio, realiza su honor bajo la forma de bienes útiles, que el reconocimiento del receptor sea reconocimiento de deuda, etc. Mauss aprueba así la tesis de Boas: «Contratar deudas por un lado y pagarlas por el otro, eso es el potlatch»[46]. Como quiera que fuese, se cuida de recusar su interpretación utilitarista:

> (...) no hay que caer en las exageraciones de los etnógrafos ingleses (...) ni americanos que, siguiendo a Boas, consideran el potlatch americano como una serie de préstamos (...)[47].

---

[46] *Ibíd.*, p. 198, nota 2.
[47] *Ibíd.*, p. 155, nota 3.

Mauss rinde homenaje a Boas que quería mostrar la racionalidad económica de las instituciones amerindias con un propósito político: defenderlas contra los prejuicios de los misioneros y contra la ley canadiense anti-potlatch. Boas no sabía demostrar esta racionalidad de otra forma que acercándola a las nociones occidentales de intercambio, capital, inversión, seguros de vida. Pero, no por ello reducía la economía amerindia a una economía materialista: defendía las fiestas, el *potlatch*, ya que implicaban también lo más fundamental de la cultura de esos pueblos: lo sagrado.

Mauss está animado por la misma pasión de hacer justicia a las sociedades abusivamente llamadas «primitivas». Propone sólo corregir el vocabulario de Boas, reemplazar los términos «deuda», «pago», etc., por «presentes hechos y presentes devueltos». Pero ese respeto por una mayor exactitud no le impide creer, como Davy, en *La foi jurée*[48], que el *potlatch* constituye una forma de contrato y que los contratos de esas sociedades contienen en germen todos los principios de la economía política moderna. Sin embargo, observa que, en el *potlatch*, los dones son sacrificados por valer como nombre y ello de una manera a veces radical, ya que son destruidos por su propio donante, en forma de desafío, es cierto, pero con el objetivo manifiesto de establecer una jerarquía de rango y con la esperanza de que esta jerarquía será definitiva, es decir, que los dones no podrán ser devueltos.

Aparece una contradicción, que Mauss reconocerá en la Conclusión del *Ensayo*. Si las destrucciones más locas de riqueza continúa pareciéndole interesadas, este interés se contabiliza solamente en términos de jerarquía, de poder, de gloria, y cuando el jefe Trobiandés o Tsimshian parece comportarse como un capitalista, su acumulación está finalmente orientada hacia el gasto: «Uno atesora pero para

---

[48] Georges Davy, *La foi jurée. Étude sociologique du problème du contrat, la formation du lien contractuel*, Paris, Félix Alcan, 1922.

gastar, para obligar», para tener «hombres ligados»[49]. En definitiva, el ganador en el juego de los dones no es el que acumula, sino el que da más.

Se devuelve con usura, pero para humillar al primer donante y no sólo para recompensarle de la pérdida que le causa un "consumo diferido"[50].

Lo ideal sería dar un *potlatch* y que éste no fuera devuelto[51].

Esto es lo que asombró a Georges Bataille:

(…) un poder es adquirido por el hombre rico, pero (…) este poder está caracterizado como un poder de perder. Es solamente por la pérdida que la gloria y el honor le son ligados[52].

Como bien lo subrayó Claude Lefort, ese ideal entra en contradicción con el de un interés que se situaría en el objeto dado y recibido:

Destruir, nos dice Mauss, es, dando, poner al otro en la imposibilidad de devolver. La idea es tanto más interesante cuanto que arruina retrospectivamente toda la teoría del don fundada sobre el ser de la cosa ofrecida y no, como aquí, sobre el acto[53].

La contradicción entre las categorías de prestigio y beneficio es estrepitosa. Son inconciliables. Si la conjunción

---

[49] Mauss, « Essai sur le don », *op. cit.,* p. 271.

[50] *Ibíd.*, p. 271.

[51] *Ibíd.*, p. 212, nota 2.

[52] Georges Bataille, *La part maudite* (1949), Paris, Seuil, 1967, p. 34.

[53] Cf. Claude Lefort, « L'échange et la lutte des hommes », *Les Temps Modernes*, n° 64, février 1951, p. 1401-1417 (p. 13-14).

entre don y nombre es un lazo irrecusable, lógico, entonces el prestigio del donante ya no pertenece a esta categoría, muy general, que confunde el interés material y el interés espiritual. Es el interés espiritual el que se opone al interés material. Los dos sistemas: de crédito, uno, y de honor, el otro, son sencillamente antagonistas.

Mauss, sin embargo, hará una última tentativa por conciliar el honor y el interés, proponiendo una interpretación del prestigio por lo menos paradójica: el prestigio sería una manifestación ostentatoria, la prueba de que se es el más poderoso por la propiedad. Cita a Victor Turner, que describe las fiestas de nacimiento en Samoa:

> Después de la fiesta de nacimiento, después de haber dado y devuelto los *oloa* y los *tonga* —en otras palabras: los bienes masculinos y femeninos— el marido y la mujer no eran más ricos que antes, pero tenían la satisfacción de haber visto lo que consideraban un gran honor, masas de bienes acumulados con ocasión del nacimiento de su hijo[54].

Si la riqueza es símbolo de prestigio y si amasarla es causa de satisfacción, el don sólo sería ostentación de riqueza, prueba de acumulación. Pero tal riqueza sólo fue adquirida a fuerza de redistribuciones generosas y Mauss no menciona, aquí, la contradicción entre esta generosidad, que simbolizan los *oloa* y los *tonga*, y su acumulación; ni esta otra contradicción entre el goce de los Andamán por ver un instante tales riquezas acumuladas en su honor y ésta, más grande aún, de poder redistribuirlas. Uno no destruiría sus riquezas, a no ser para mostrar que se tiene demasiadas y que no puede ya ni contarlas:

---

[54] Victor Turner, *Nineteen years in Polynesia* (1861), citado por Mauss en « Essai sur le don », capítulo I, *Sociologie et anthropologie, op. cit.*, p. 155, nota 7.

Un jefe (...) sólo conserva su autoridad (...) si demuestra que está perseguido y favorecido por los espíritus y la fortuna, que está poseído por ella y que él la posee; y sólo puede demostrar esta fortuna, gastándola, distribuyéndola, humillando a los otros, poniéndola "a la sombra de su nombre"[55].

El don está decapitado. Su finalidad es incluso inversa. El don es la prueba paradójica de la acumulación y es ella la que funda el prestigio. ¡La acumulación está primero! El don se convierte en un artificio. Aquí nos parece que Mauss está llevado al contrasentido: el prestigio ya no es la expresión de la generosidad, el fruto del acto del don, es una consecuencia de la avaricia. Mientras más se tiene, más grande se es y el don sólo sirve para manifestar esta riqueza.

Según este punto de vista, queda por explicar cómo, en el *potlatch* y todas sus manifestaciones de carácter agonístico, el más prestigioso de los hombres queda como el gran donante. Si éste puede pretender a la gloria suprema (a veces a costa de su propia vida), es a condición de no toparse con un donante superior y, encima, la de darlo todo.

Mauss responde que aquí se trata de una ilusión. Si el donante supremo se arriesga a dar, sabiendo que ya no podrá convertir su prestigio en riqueza, si da aparentemente sin esperanza de devolución, es porque intenta, de este modo, erigirse como superior al común de los mortales. Ahora bien, aplastar a su rival, mostrar su riqueza, asentar su autoridad no es la manifestación de un goce propio del donante: es siempre una ficción, una mentira social. Ese prestigio tiene un objetivo escondido: designar a la contraparte privilegiada de un intercambio, cuya importancia es del todo diferente a la que proporciona el intercambio prosaico entre seres humanos: el intercambio con los dioses.

---

[55] Mauss, *ibíd.*, p. 205-206.

4 - El sacrificio

El *potlatch* hace pensar en el sacrificio. Es sacrificio, dice Mauss. Al mismo tiempo que el donante manifiesta poder y desinterés, sacrifica a los espíritus y a los dioses. Pero bajo la apariencia de una ofrenda sin retorno, el intercambio prosigue, tanto más digno de interés cuanto que los espíritus, detentores del *mana*, lo serían también de los mismos bienes económicos. La teoría del intercambio no se hunde. El sacrificio es un intercambio con los dioses; esa ya es la tesis sostenida por Hubert y Mauss en 1899 en el *Ensayo acerca de la naturaleza y la función del sacrificio*. Y bien, este intercambio era comprendido de la forma más explícita, como un cálculo interesado:

> Las dos partes presentes intercambian sus servicios y cada una encuentra su parte. Ya que también los dioses tienen necesidades profanas[56].

En el capítulo del *Ensayo sobre el don* dedicado al sacrificio, Mauss mantiene la idea de comprar a los dioses, ya que ellos «saben devolver el precio de las cosas» y «son ellos los auténticos propietarios de las cosas y los bienes de este mundo»[57]. Mauss no parece asombrarse de que sociedades que desprecian el comercio o incluso lo ignoran, utilicen la noción de *compra* con los espíritus y los dioses[58].

Si el consumo de bienes es sacrificado a los dioses y si el sacrificio obtiene una ventajosa compensación, el objetivo del prestigio no es pues sino un medio para convertirse en el interlocutor privilegiado de los dioses para obtener sus favores.

---

[56] Mauss, *Œuvres*, t. I *Les fonctions sociales du sacré*, *op. cit.*, p. 305.
[57] Mauss, « Essai sur le don », *op. cit.*, p. 167.
[58] *Ibíd.*, p. 168.

Las palabras compra, venta, interés... ¿son imágenes, metáforas? Se podría sostener que sí, recordando las numerosas reservas de Mauss sobre el vocabulario del intercambio. En varias ocasiones, en efecto, remarca que esas expresiones son impropias. Reconoce: «la incertidumbre sobre el sentido de las palabras que mal traducimos por: *comprar, vender*»[59].

La noción de intercambio misma es «inexacta»[60]. Esas puntualizaciones quedan, sin embargo, dispersas en las numerosas notas del *Ensayo*, casi entre paréntesis, nunca tematizadas pero que vuelven con insistencia. Reuniéndolas y poniéndolas en relación con el sacrificio, se puede imaginar que Mauss no concibe el intercambio con los dioses de la forma mercantil que su vocabulario deja entender.

De todas maneras, si se acepta la idea de que los hombres donan con la esperanza puesta en la generosidad de los dioses... ¿qué pensar de los dioses? ¿Donan para que se les retribuya a cambio, tan interesadamente como los humanos? y ¿puede imaginarse, en ese caso, que sean tan inocentes como hacen los hombres? ¿No dan, más bien, porque son verdaderos donantes? ¿No dan por *ser* o porque *son*? Los dioses dan por su prestigio y se encolerizan cuando su prestigio es ofendido. El ser es, para ellos, la razón del don que se trastoca en ira cuando el hombre la ignora. Los dioses, en efecto, se irritan por no ser honrados por los hombres. Se calma a los dioses

---

[59] *Ibíd.*, p. 193, nota 3.

[60] «Parece incluso que la palabra "cambio" y "venta" no existe en el idioma kwakiutl. No he podido encontrar la palabra venta dentro de los varios glosarios que Boas tiene, acerca de la venta de un cobre. Esta subasta no es una venta, es una especie de apuesta, de batalla de generosidad.» (*Ibíd.*, p. 202, nota 3).

«Se debe a una razón puramente didáctica y para hacerse comprender de los Europeos, por lo que Malinowski incluye el *Kula* dentro de los "cambios ceremoniales con pago" (de vuelta): tanto la palabra pago como la palabra cambio son igualmente europeas». (*Ibíd.*, p. 176, nota 4).

apenas se reconoce su prestigio. En las islas Trobriand, según Malinowski, se conjura a un espíritu malhechor mediante el don de objetos preciosos que también sirven a la *kula*: «Este don actúa directamente sobre el espíritu de ese espíritu»[61]. Al espíritu de este espíritu, al prestigio de los dioses, se le dirige un homenaje. Se honra a los dioses para apaciguar su cólera, para «comprar la paz». La contradicción entre el ser y el tener, un instante diferida por la interpretación del *potlatch* como un sacrificio a los dioses y la de éste como un intercambio, reaparece con el espíritu de los dioses y su cólera. Y queda irreducible.

5 - El don del nombre

El nombre se traduce inmediatamente en actitudes, palabras o discursos, pinturas del rostro o del cuerpo... pero también en adornos tales como collares, brazaletes, anillos, pendientes, coronas. Esos reflejos de la gloria, esos espejos del nombre, tienen una importancia particular desde el momento en que se pueden separar del cuerpo, ya que pueden luego ser confiados a otra persona o incluso donados. La distinción hecha por Mauss entre dos tipos de riquezas y de dones se aclara: las unas engendran el nombre, las otras lo representan. Las segundas simbolizan la autoridad adquirida por la redistribución de las primeras. Tienen el renombre grabado, el prestigio esculpido, el alma atesorada. Los indígenas mismos, como se ha visto, hacen esta distinción. El conjunto de las cosas preciosas de la familia, entre los Kwakiutl o los Tsimshian, constituye el caudal mágico. Guarda el nombre del clan y confiere a quienes lo heredan el renombre de los

---

[61] *Ibíd.*, p. 168.

ancestros. Esta capacidad de los objetos preciosos para encarnar el valor del renombre adquirido por el don de los valores de uso, es, tal vez, la que condujo a Mauss a creer que los indígenas atribuían sistemáticamente un alma a las cosas. Observa sobre todo el transporte de objetos a los cuales se asociaron deliberadamente valores espirituales: tesoros, talismanes, blasones, esteras e ídolos sagrados que representan el alma. Pero sólo ciertas cosas son designadas para encarnar el renombre. Su significación es precisa: depende del estatuto del donante. No son, en todo caso, libres de circular al azar. En el origen, esos objetos ni siquiera pueden ser cedidos.

> Es inexacto hablar en este caso de alienación (…) En el fondo, esas "propiedades" son cosas *sacra* y las familias sólo se deshacen de ellas con gran pena o a veces nunca[62].

Este atesoramiento de riquezas simbólicas evoca la acumulación propia al sistema del intercambio, sobre todo si los tesoros en cuestión son piedras preciosas u oro, y no solamente plumas de quetzal o de tucán; en cualquier caso, la acumulación sólo concierne aquí al renombre. Y este no podría adquirirse por intercambio, ya que no se aliena.

Sin embargo, esos objetos portadores de ser o de renombre se transmitirán hereditariamente. Desde entonces, los objetos preciosos no sólo pueden representar el prestigio, sino comunicarlo a quienes lo reciben:

> (…) circulan entre los hombres, sus hijas o yernos, para pasar luego a los hijos cuando son recién iniciados o se casan[63].

Así, pues, esos objetos tienen un carácter sagrado:

---

[62] *Ibíd.*, p. 216.
[63] *Ibíd.*, p. 217, nota 5.

El conjunto de esas cosas es siempre, en las tribus, de origen espiritual y de naturaleza espiritual[64].

Es por ello que la transferencia de estos objetos mágicos:

(...) en cada nueva iniciación o matrimonio, transforma al "recipiendario" en un individuo "sobrenatural" [65].

Esta transmisión de los símbolos del ser, por vía del parentesco, abre la perspectiva del don de esos bienes inalienables. A partir del momento en que el renombre se cristaliza en un objeto, puede ser distribuido. Y es así que se podrá recibir el renombre del tesoro en el cual éste se encarnó. Es, pues, cierto que los regalos que representan alianzas o títulos, van y vienen en el curso de las prestaciones totales, como las otras riquezas. Y es por ello que Mauss pudo creer que su acumulación podía ser signo de prestigio.

Turner no se equivocaba al asociar la alegría de los jóvenes padres samoanos, a la satisfacción de haber visto cantidades ingentes de bienes reunidos en ocasión del nacimiento de sus hijos. Pero hay que remarcar que el don de esos objetos de prestigio, si es adquisición de renombre para el que los recibe, al donante le valen por un nuevo renombre: es el renombre del renombre. Para aquel que dona, el prestigio continúa produciéndose por el don. De este modo, el don de renombre inicia un segundo ciclo de la dialéctica del don. El que recibe esos objetos de prestigio no crece en la jerarquía, a no ser que vuelva a darlos, a su vez, al cabo de cierto tiempo. Si los guardara, perdería la cara; no podría siquiera prevalecer sobre el *mana* que esos objetos conservan para ellos mismos.

---

[64] *Ibíd.*, p. 217.
[65] *Ibíd.*, p. 218, nota 1.

De hecho, Mauss utiliza dos nociones muy diferentes de riqueza:

La persona rica es una persona que tiene *mana*, en Polinesia, *"auctoritas"* en Roma y que, en estas tribus americanas, es un "gran" hombre, *walas*[66].

La riqueza, pues, es el *mana*. Pero ésta se adquiere redistribuyendo riquezas y objetos preciosos. Cuanto más riqueza se distribuya, más rico se es. Como ellas son el *mana* fetichizado, se adquiere el renombre al recibir esos objetos. Sin embargo, la razón del don se impone sobre la de la acumulación. Si esos símbolos del renombre se guardan para sí más tiempo del que conviene, el efecto se invierte: se deja de ser prestigioso y se pierde la cara. «La riqueza existe para ser dada»[67].

Donar la riqueza confiere al donante *mana*. El imaginario agrega ese *mana* a un objeto que se convierte en un objeto precioso. Así, pues, el *mana* puede ser dado y, como fruto de ello, un nuevo valor será producido en beneficio del donante; el cual, a su vez, será representado en otro objeto simbólico.

¡Pero eso no es todo! El renombre recibido, como un homenaje, en los objetos preciosos es también un imperativo: el de honrar las obligaciones que ese título representa, es decir, la obligación de donar en consecuencia. Si el don de los valores de uso engendra el renombre para el donante, ahora, la adquisición del valor de renombre obliga al don de los valores de uso. El don crea el renombre, el renombre obliga al don. El segundo principio es tan esencial como el primero.

Esta inversión es semejante a aquella que Marx describió para el sistema del intercambio. El intercambio de mercancías, en efecto, pone de manifiesto el valor de cambio; éste, cuando

---

[66] *Ibíd.*, p. 203, nota 3.
[67] *Ibíd.*, p. 245.

ha encontrado su expresión en una mercancía privilegiada, se vuelve, a su vez, por su circulación, el motor del intercambio de mercancías. De igual modo, el don engendra el renombre que, una vez fijado en esos objetos privilegiados, se convierte en fuerza motriz del don. Esta capacidad del renombre fetichizado, de mover la circulación de las riquezas, abre el camino a la aparición de una moneda.

6 - La moneda de renombre

Para que los objetos preciosos se conviertan en moneda, no basta que representen el valor de renombre; es preciso que pierdan todo vínculo con su origen: que dejen de ser la efigie de su creador. Sólo entonces podrán circular libremente entre todos los asociados, como una expresión autónoma de su valor. La moneda entonces adquiere incluso su propia celebridad y, pronto, la transmitirá al ser humano en vez de recibirla de él[68].

La distribución de esas monedas le vale al donante un aumento de renombre en relación a aquel que representan, que llamará, a su vez, a un símbolo más elevado y que será nuevamente reintroducido en el ciclo del don. Pero si el mismo objeto precioso, en un segundo viaje, vuelve al mismo donante, él mismo representará el renombre superior adquirido en el ciclo precedente y duplicará su valor. Así se explica la propiedad más desconcertante de esta moneda, si se la

---

[68] «Los *vaygu'a* —dice Mauss— no son cosas indiferentes, no son simples monedas. Cada uno, al menos los más preciados y codiciados, tienen un mismo prestigio, tienen un nombre, una personalidad, una historia incluso una leyenda. Tanto que algunos individuos adquieren su nombre». *Ibíd.*, p. 180-181.

compara con una moneda de intercambio: la de no representar un valor fijo, si no de aumentar de valor en cada una de las transacciones en las cuales se comprometa. Los cobres blasonados de las sociedades del noroeste americano pueden, a fuerza de *potlatch*, alcanzar valores de renombre sorprendentes, como el que nos describe Boas:

> El valor del cobre Lesaxalayo, era hacia 1906-1910: 9.000 mantas de lana; valor, cuatro dólares cada una; 50 canoas, 6.000 mantas de botones, 260 pulseras de plata, 60 pulseras de oro, 70 pendientes de oro, 40 máquinas de coser, 25 fonógrafos, 50 máscaras, y el heraldo decía: "Por el príncipe *Laqwagila*, voy a dar todas estas pobres cosas"[69].

La suerte de esos cobres blasonados ilustra una fase intermedia de la génesis de la moneda de renombre. La expresión «moneda de renombre» proviene, por lo demás, de esos cobres. Hasta tal punto son simbólicos de la redistribución y del don gratuito que, a veces, son llamados «potlatch» o incluso «fuego». Representan, en efecto, el renombre del clan o de la familia del donante más grande del clan. Se convierten, pues, en los verdaderos detentadores del nombre. Por consiguiente, no sólo pueden ser transmitidos hereditariamente, sino dados; y, desde que están comprometidos en las competiciones del *potlatch*, su donante adquiere un renombre superior.

Mas ¿cómo encuentra éste su blasón y cómo este blasón puede estar marcado por el nuevo renombre?

> Entre los Kwakiutl se hacen trozos, rompiendo en cada potlatch una de las partes de su blasón, dándose el honor

---

[69] *Ibíd.*, p. 223, nota 3.

de conquistar, en otro potlatch, cada uno de los trozos, uniéndolos todos hasta que formen el completo[70].

Así, pues, a fuerza de generosidad, se ha merecido el homenaje de los cobres distribuidos y se recupera también su blasón fragmentado, cuyas cicatrices configuran un nuevo rostro: el del renombre del renombre. Cada una de las cicatrices es el signo de un desafío superado, de un duelo victorioso, para adquirir el nombre; los remaches, la necesidad contraria de sellar lo que es del nombre. En fin, los grandes cobres atraen hacia sí pedazos de otros cobres o cobres más pequeños. Están dotados de una fuerza, inversa a la del don, que es una fuerza de atracción, de retorno de lo que acumula y no se aliena:

> Viven y están dotados de un movimiento autónomo al que arrastran los demás cobres. Entre los Kwakiutl, uno de ellos es denominado "atractor de cobres", y su fórmula relata cómo los demás cobres se reúnen en torno suyo, al mismo tiempo que el nombre de su propietario es "propiedad que corre hacia mí"[71].

La moneda, entonces, puede despegarse de su hogar de origen y la circulación de los fragmentos; los pequeños cobres de referencias perdidas, ya hacen pensar en la moneda de los Trobriandeses.

En las Islas Trobriand, para merecer el homenaje de los más bellos *vaygu'a*, hay que dar prueba de una generosidad sin par; dar toda su moneda y su riqueza e incluso más, es decir, prevalerse de un aumento de renombre al desplegar tesoros de seducción, de vanidad, de publicidad. Existe incluso un mercado (a condición de no reservar la noción de mercado sólo al mercado de intercambio) para esas monedas de

---

[70] *Ibíd.*, p. 223-224, nota 3.
[71] *Ibíd.*, p. 224.

renombre: el célebre *kula*; como existe, en el sistema del intercambio, un mercado y un comercio de dinero. Cada sociedad del archipiélago posee sus valores de renombre y sus propias monedas. Las dos principales, reservadas a las relaciones ínter-tribales, son las *mwali* y las *soulava*; las *mwali*, «bellísimos brazaletes tallados y pulidos en una concha» y portados en las grandes ocasiones por sus propietarios o sus parientes; las *soulava*, «collares realizados por hábiles torneros de Sinaketa, en hermoso nácar de espóndil rojo; (...) tanto las unas como las otras se atesoran, gozando sólo de su posesión»[72]. Sin embargo, esta posesión:

> (...) se entrega sólo con la condición de que sea usada por otro o de transmitirla a un tercero[73].

Recibir un *vaygu'a* no acarrea ninguna muerte, ni fracaso, sino que, por el contrario, significa ser honrado, ser reconocido por el otro como prestigioso; pero con la condición de volver a darlo, en un momento dado. Recibir para guardar, sería la muerte. Así, pues, del mismo modo que los comerciantes representan el valor de cambio en una moneda, así también los asociados de una economía de reciprocidad representan el valor de renombre en una moneda: una moneda de renombre. Sin embargo, la analogía se detiene ahí. Las monedas de renombre no son monedas de intercambio, aunque sean primitivas. En un sistema de reciprocidad, la «riqueza» es proporcional al don, no a la acumulación. El valor del renombre es inverso al valor de cambio. Una moneda de renombre no puede ser utilizada como forma de pago. Ella representa el prestigio adquirido por el don y obliga, a quien la recibe, a efectuar nuevas distribuciones.

---

[72] *Ibíd.*, p. 178-179.
[73] *Ibíd.*, p. 180.

Mauss adoptó la expresión «moneda de renombre»[74]; pero propuso una definición discutible: una moneda de cambio primitiva[75]. Se inclinó hacia la transición de un sistema monetario a otro, en la historia, y sobre todo, en la historia romana. Como los *arrhes* de origen semítico y el *wadium* germánico, el *nexum* romano testimonia de viejos dones obligatorios, debidos a la reciprocidad. El *nexum* es el lazo entre donante y donatario. Está representado por una prenda, a menudo un lingote de bronce, que significa «este vaivén de las almas y de las cosas, que se confunden entre sí»[76]. El lingote de bronce acompaña el presente. El que recibe el lingote, símbolo de la unión del lazo de almas entre asociados, lo devolverá a su propietario, en su momento, con el contra-don, no para liberarse de su lazo personal, sino para atestiguar que toma, a su vez, la iniciativa de una prestación del don, obligando de este modo al primer donante. Se libera de su condición de obligado, pero no se libra del lazo; sólo invierte su orientación. Es el primer donante el que, para retomar las expresiones de Mauss, se encuentra desde entonces *comprado, ligado*. El lingote de bronce, utilizado por el uno y por el otro, no pertenece a ninguno, es el símbolo del *mana*, del lazo entre las almas que emerge de la relación expresada en el acto del don. No es, pues, posible escapar a esta comunidad de alma[77]. La prenda expresa el vínculo de forma simbólica. En tiempos más antiguos, las cosas mismas se confundían con el lazo de almas. Pero la distinción, entre la cosa y la prenda, se hizo necesaria cuando los mismos objetos fueron comprometidos en operaciones de trueque, por una parte, y de don, por otra. Si la cosa está acompañada de una prenda, la prestación se inscribe en una relación de don; si no, se inscribe en una

---

[74] *Ibíd.*, p. 205, nota 5.
[75] *Ibíd.*, p. 178.
[76] *Ibíd.*, p. 230.
[77] *Ibíd.*, p. 231, nota 5.

relación de trueque. Parece que los romanos distinguieron intercambio y don, antes que confundirlos. La *res* misma es un símbolo del don.

La *res* ha tenido que ser, en sus orígenes, algo distinto de la cosa en bruto y tangible, del objeto simple y pasivo de transacción en que luego se ha transformado. Parece que la mejor etimología es la que la relaciona con la palabra del sánscrito, *rah*, *ratih*, don, regalo, cosa agradable. La *res* fue, sobre todo, lo que daba satisfacción a otro[78].

Los antiguos romanos distinguían dos patrimonios: la *familia* y la *pecunia*; la familia englobaba las personas y las cosas.

(...) cuanto más se remonta a la antigüedad, más el sentido de la palabra *familia* denota las *res* que forman parte de ella, hasta llegar a incluir también los víveres y los medios de vivir de esa familia[79].

De igual modo, distinguían las *res mancipi* y las *res nec mancipi*. Las *res mancipi* eran las cosas preciosas que sólo se podían alienar siguiendo las fórmulas de la *mancipatio*, de la toma (*capere*) en mano (*manu*). La donación solemne (*mancipatio*) crea un lazo de derecho, sometía al donatario al donante y lo comprometía a la fidelidad. La familia se deshacía con dificultad de las *res mancipi*. Estas distinciones, subraya Mauss, eran muy precisas en los antiguos romanos[80]. En sentido inverso:

---

[78] *Ibíd.*, p. 233.

[79] *Ibíd.*, p. 232.

[80] «Sobre la distinción *familia pecuniaque* (...), contrariamente a lo que opina M. Girard, creemos que fue en sus orígenes, en la antigüedad, cuando quedó marcada una distinción muy precisa». *Ibíd.*, p. 232-233, nota 4.

La distinción entre *res mancipi* y *res nec mancipi* desaparece en el derecho romano solo en el año 532 de nuestra era, por una abrogación expresa del derecho quiritario[81].

Mauss nota que, las primeras monedas romanas, son prendas. Cuando tenía lugar la donación de ganado entre familias romanas, el lingote que simbolizaba su lazo de almas, figuraba en una pieza de ganado (una vaca). El ganado era, en efecto, *res familia*. Que pueda utilizarse una prenda tal como moneda de intercambio, ¿indica una evolución acaso del don al intercambio? Para que haya intercambio y no don, es necesario que el lingote represente el objeto y ya no el lazo entre almas y que su utilización sea invertida: que sea dado en contraparte del ganado, y no como supernumeraria del ganado mismo. Pero es cierto que, si la moneda de renombre tiene por emblema una pieza de ganado, también puede servir como convención para representar esta pieza de ganado en un intercambio.

Mauss defiende el empleo de la noción de moneda, contra Malinowski. Este argüía:

> El *vaygu'a* nunca es utilizado como agente de pago o como unidad de valor, mientras que esas son dos funciones esenciales de la moneda[82].

Malinowski tiene razón sobre el fondo: la moneda de renombre no debe ser confundida con una moneda de intercambio. Malinowski sacó a la luz que ellas son antagonistas. Sin embargo, el *vaygu'a*, e incluso las prendas, son monedas, a condición de que no se restrinja la economía a la economía de intercambio, el valor económico al valor de intercambio, la moneda a la moneda de intercambio. En un

---

[81] *Ibíd.*, p. 233, nota 1.

[82] *Ibíd.*, p. 233 (Malinowski (1922 : 499), *Les Argonautes du Pacifique Occidental*, 1989, p. 582).

sistema de don, la moneda de renombre permite representar el valor. Ella hace posible la generalización del ciclo económico; es un instrumento del crecimiento.

2. EL TERCERO Y LO RECÍPROCO

1 - El enigma de Ranaipiri

Ahora se puede remarcar que el don de los *taonga* es un don del nombre. Esos objetos preciosos que, según el proverbio maorí, *se les ruega destruir al individuo que los ha aceptado*, tienen un valor mágico, el *hau*, el valor del nombre que llevan consigo en tanto que símbolos[83]. El *hau*, valor espiritual añadido al objeto donado, no se aliena y forzará al donatario a devolver. Es el sabio maorí Tamati Ranaipiri, quien explica la teoría del *hau*:

> Voy a hablaros del *hau*… El *hau* no es de ningún modo el viento que sopla. Imagínense que tienen un artículo determinado (*taonga*) y que me lo dan sin que se tase un precio. No llega a haber comercio. Pero este artículo yo se lo doy a un tercero, que después de pasado algún tiempo decide darme algo en pago (*utu*) y me hace un regalo (*taonga*). El *taonga* que él me da es el espíritu (*hau*) del *taonga* que yo recibí primero de usted y que le di a él. Los *taonga*

---

[83] «La palabra *hau* significa lo mismo que la latina *spiritus*, tanto el viento como el alma, y más concretamente, en algunos casos, el alma y el poder de las cosas inanimadas y vegetales. La palabra *mana* se reserva para los hombres y los espíritus, aplicándose a las cosas con menos frecuencia que en melanesia». Mauss, « Essai sur le don », *op. cit.*, p. 158, nota 4.

que yo recibo a causa de ese *taonga* (que usted me dio), he de devolvérselos, pues no sería justo (*tika*) por mi parte quedarme con esos *taonga*, sean deseables (*rawe*) o desagradables (*kino*). He de devolverlos porque son el *hau* del *taonga* que recibí. Si conservara esos *taonga* podrían causarme daño e incluso la muerte. Así es el *hau*, el *hau* de la propiedad personal, el *hau* de los *taonga*, el *hau* del bosque. *¡Kati ena!* (sobre este tema es suficiente)[84].

Ese texto capital, recogido en maorí por Best, ha dado lugar a una exégesis erudita. Notemos el término '*utu*', que Mauss traduce como «pago», pero que reconoce como una «noción compleja». Biggs traduce, como Best, por «dar algo en cambio»[85]. Los comentaristas actuales dan por equivalente de '*utu*': «reciprocidad»[86]. Tamati Ranaipiri tiene entonces cuidado de encarar un ciclo de dones que hace intervenir a un tercero.

Asombrosamente claro –dice Mauss de ese texto– sólo tiene un punto oscuro: el de la intervención de una tercera persona[87].

Oscuridad, sí, ¡si se tratara de un intercambio! Pero para desechar toda idea de compensación entre los dones, el sabio maorí precisa que no existe ningún acuerdo entre los asociados sobre el valor de sus dones.

Además, Ranaipiri considera que los *taonga* pueden ser deseables o desagradables, eliminando en esta hipótesis que la obligación de reciprocidad responde al interés del primer

---

[84] *Ibíd.*, p.158-159.

[85] Bruce Biggs y Eldson Best, son citados por Marshall Sahlins, *Stone Age Economics* (1972), trad. fr. *Âge de pierre, âge d'abondance*, Paris, Gallimard, 1976, p. 203.

[86] Cf. Gathercole (1978), citado en Mac Cormack, «Mauss and the "Spirit" of the Gift», *Oceania*, vol. 52, n° 4, Sydney, 1982, p. 286-293.

[87] Mauss, «Essai sur le don», *op. cit.*, p. 159.

donante. La reciprocidad de los dones no es un intercambio. Si el donante compensara el don por un don equivalente, esta restitución sería, más que una descortesía, un rechazo del don, incluso tal vez una declaración de hostilidad. En ninguna civilización se confunde un don con una compra. Aquí, para evitar la muerte que significa recibir, sin anular sin embargo el don del otro, el donatario reproduce el don pero dirigiéndose a un tercero. El tercero permite, primero, configurar un primer ciclo de economía de reciprocidad. El don pasa a un tercero y no regresa a sus orígenes sino tras una demora. En el curso de ésta, la riqueza recibida es consumida y reproducida. Si ella sólo fuese consumida, el donatario no se podría considerar, a su vez, un ser viviente. Cuando se trata de objetos simbólicos, como los *taonga*, se goza de su posesión, pero sólo se los posee para volver a darlos. Al contrario, si el don es reproducido, cada asociado se siente vivo, *viviente*; puede nombrarse como un ser humano. Si la reciprocidad es la reproducción del don, ella basta para explicar el movimiento de la riqueza. La idea de una compensación obligatoria no es necesaria para dar cuenta del retorno del don. El don, encuadrado en los límites de la sociedad, acaba por volver a pasar por sus orígenes, pero el movimiento de retorno no es por ello un intercambio indirecto. La misma fuerza del don explica la ida y vuelta. La multiplicación de los donantes no cambia en nada el principio del don; más bien, generaliza su efecto, lo extiende a una sociedad siempre más vasta.

Si bien la explicación de la reciprocidad, como reproducción del don, da cuenta del retorno del mismo, ella no toma en cuenta la obligación de devolver, es decir, el hecho de que el donatario no puede sentirse en paz hasta que el donante reciba, a su vez, el mismo don. La obligación de devolver no se deja reducir a la obligación del don. El retorno del don no es un efecto mecánico de la generalización del don. El sabio maorí no describe un movimiento de dones circular (A B C A), sino un movimiento de va y viene entre tres donantes (A B C, C B A). Existe una simetría entre los caminos del don de ida y el don de retorno que se debe a la obligación de devolver; una simetría bilateral que debe transparentarse bajo toda circulación de dones. Y bien, para significar que la reproducción del don es una obligación que no se confunde con el intercambio, hay que instaurar un movimiento circular y simétrico. Tamati Ranaipiri concilia la simetría bilateral de la obligación de devolver y la simetría ternaria de la obligación del don, por el movimiento del va y viene que encadena a los tres donantes.

Pero ¿por qué es tan necesaria la obligación de devolver y la simetría bilateral? Para Mauss, la razón está en el intercambio y el tercero haría visible el *hau*, a manera de hacerlo independiente de los miembros del intercambio. La tercera persona daría cuerpo al espíritu mágico, gracias al cual el indígena se explica el movimiento de las cosas. Mauss no trata al tercero como una realidad del ciclo económico; no ve en él sino un artificio de jurista maorí para encarnar el *hau*. El tercer personaje está conceptualizado, como un medio didáctico, para introducir un Tercero misterioso. Causa imaginaria o real, he ahí una fuerza oculta, un Tercero de naturaleza diferente a la identidad de los miembros. Esta implicación del *hau* ha provocado las más vivas protestas. Lévi-Strauss condena toda alusión, bajo la cobertura del *hau* o del *mana*, a una fuerza de ser, a una instancia afectiva y mística, que animaría al don.

Además, Mauss confiere al *hau* y, por tanto, al donante del mismo, el poder de experimentar el interés del tercero, bajo la forma de un espíritu de venganza, para el caso en el que el don no fuese devuelto. Ahora bien, Firth ha discutido que el *hau* pueda convertirse en espíritu de venganza: si la falta de reciprocidad puede ser castigada con sanciones sobrenaturales, es mediante la hechicería (*makutu*) que, en general, hace intervenir los servicios de un sacerdote (*tohunga*) y, por tanto, es exagerado imaginar «que un fragmento activo, separado de la personalidad del donante esté cargado de pulsiones vengativas y nostálgicas»[88]. Según Firth, Mauss confundió diferentes tipos de *hau*: el *hau* de las personas, el de las tierras y los bosques, el de los *taonga*, perfectamente distintos para el pensamiento maorí[89]. Sahlins precisa que la hechicería hace intervenir, contra el asociado desleal, a los objetos que le pertenecen, objetos que también tienen *hau* y, por tanto, no es necesariamente el *hau* de los bienes donados el que transmite la venganza. Si el *hau* de los objetos donados no puede expresar el interés del tercero, bajo la forma de la venganza, entonces la necesidad de devolver no está del todo explicada. Y el tercero, invocado por Ranaipiri, sigue siendo misterioso.

Sahlins, a su vez, afronta el enigma del tercero. Cree, como Mauss, que la tercera persona del ciclo económico, evocado por Ranaipiri, es un artificio para hacer visible algo: sólo discute que esta cosa sea el *mana* del donante.

> Suponer que Tamati Ranaipiri quería decir que el don tiene un espíritu que constriñe al pago, es no hacer justicia a la inteligencia evidente del anciano señor. Para ilustrar la acción de un espíritu tal, sólo hay necesidad de dos personas: tu me das algo: tu espíritu (el *hau*) presente en esta cosa, me obliga a pagar en cambio. Es simple, la introducción de un tercero en discordia no puede sino complicar y oscurecer innecesariamente el asunto[90].

---

[88] Raymond Firth, citado en Sahlins, *op. cit.*, p. 207.

[89] Mauss ¿los confundió realmente? Si uno se limita a su análisis del *hau* maorí, esta crítica se justifica. Pero si uno se refiere a su estudio del *nexum* latino o del *wadium* germánico que son, como el *hau*, un lazo de almas, se ve que insiste sobre su multiplicidad: distingue el *wadium* de la cosa dada, lo que se manifiesta en la ceremonia, lo que está directamente simbolizado en la prenda. Sin embargo, si el lazo de almas se expresa de manera múltiple, sólo tiene una esencia, y en el análisis del *hau*, Mauss se apega a esta esencia.

[90] Sahlins, *op. cit.*, p. 211. No es seguro que Sahlins haga justicia a Mauss. Para Mauss, el don volverá a su origen, cualesquiera sean sus

69

Su explicación es tan ingeniosa como la de Mauss y, en definitiva, se le parece mucho. El tercero sería un recurso didáctico que hace visible no al espíritu de venganza del donante sino al interés del capital:

> Por el simple hecho de que el don de un hombre no podría convertirse en capital de otro y que entonces los frutos del don deben retornar al donante inicial, sobreviene la necesidad de introducir un tercer asociado cuya intervención es necesaria, precisamente, para poner en evidencia este beneficio neto[91].

He aquí a Ranaipiri convertido en un buen pedagogo de la economía capitalista. Ranaipiri se cuidaría, incluso, de insistir sobre la base de la equivalencia en el momento de la primera transacción (*no hacemos mercado a propósito de ella*), para poner mejor en evidencia este interés y la productividad del don. El *hau* ya no sería espíritu sino ganancia. La explicación de Sahlins tiene una ventaja: pone en valor lo que llama, con una expresión feliz, la «crecida del don». Pero esta crecida, la conceptualiza como el producto del capital, una vez que éste se invierte bajo la forma de préstamo.

La crecida del don puede explicarse, sin embargo, de una forma mucho más simple: ella es inherente a la reproducción del don. El supuesto interés del capital no es otro que el don del segundo donante, luego de un tercero y así sucesivamente. Cada don, para ser tal, debe ser, en efecto, superior al don recibido. Toda la esencia del don, en el contra-don, consiste en este aumento. El don no puede ser don, tanto en su movimiento de ida como en su movimiento de retorno, sino aumentado por el don añadido por cada donante al don

---

peregrinaciones; el tercero significa entonces la imposibilidad de que el don pueda perderse si no fuera tributario del *hau*. El tercero se hace entonces necesario para representar la inalienabilidad del *hau*.

[91] *Ibíd.*, p. 212.

recibido y simplemente reproducido. No hay, pues, ninguna necesidad de apelar al crédito para explicar el retorno del don, ni al préstamo, ni al interés, para dar cuenta de la crecida del don. La crecida no es otra cosa que el don aumentado, al don inicial de cada donante. De hecho, Sahlins interpreta la crecida del don como el interés de un capital para poder llevar la obligación de devolver a un intercambio interesado. Sin embargo, cita otro ejemplo que daba Ranaipiri, en el prólogo al famoso texto sobre el *hau* de los *taonga*, que hace muy difícil su interpretación: la transmisión de la magia tabú. Sahlins la resume así:

> El *tohunga* da el sortilegio al aprendiz que, a su vez, lo ejerce sobre la víctima. Si logra sus fines, el valor del sortilegio aumenta y se dice entonces que los maleficios del alumno se han hecho muy *mana*; pero si el fracasa: perece. La víctima pertenece al *tohunga* como contra-valor de su enseñanza. Es más: el aprendiz reenvía su magia, pura potencia desde ahora, a su propietario inicial, al viejo *tohunga*; dicho con otras palabras: lo mata[92].

Aquí, el sentido literal está confundido con el sentido figurado; el sortilegio mata, como el don mata a quien lo recibe sin reproducirlo. El sortilegio acrecienta su eficacia cuando se reproduce y es el último donatario el que es la víctima, aunque haya sido el primer donante.

Sahlins subraya que la reciprocidad pasa por la intervención de un tercer asociado y que el don se acrecienta cada vez que se reproduce. Pero como se mantiene tributario del concepto de intercambio, le falta encontrar un equivalente a la cosa donada y, por otra parte, encontrar una explicación para el tercero. Propone, entonces, esta solución: el tercer asociado: la víctima, es el contra-valor restituido al maestro

---

[92] *Ibíd.*, p. 217.

por el aprendiz, en compensación por su enseñanza. Esta ingeniosa solución explicaría que los Maorí no admiten ninguna retribución material al profesor. Como explica el mismo Sahlins:

> Según la concepción maorí, tal compensación tendría por efecto profanar el sortilegio, incluso mancillarlo y volverlo ineficaz, inútil y, ello, con una excepción: el que profesa la magia negra más tabú, éste recibe su salario: ¡una víctima humana![93].

Firth, comenta el mismo Sahlins, se asombraba de la ausencia de retribución material entre los Maorí. Best, por su parte, cuenta que la hipótesis de que el don pueda ser retribuido, hacía exclamar a Ranaipiri:

> ¿Una retribución en natura, bajo la forma de bienes materiales? ¡Para qué! ¡Hai aha![94].

El alumno no se redime menos de su deuda por la muerte de un pariente próximo, precisa Best. Este autor interpreta la víctima humana como un sacrificio a los dioses que «asegura la eficacia del sortilegio, al mismo tiempo que compensa el don». Sahlins sigue esta última idea cuando cree descubrir en la víctima humana el contra-valor escondido, o dicho de otra manera: el salario que el alumno entrega al maestro. Pero, como no es sobre un enemigo del maestro que el alumno prueba sus poderes, no pareciera esto una retribución, como dice Best. Además, en el caso de que el ciclo se reduzca a dos asociados, el contra-valor del don del maestro sería su propia muerte; un intercambio, del cual el interés, sería por lo menos paradójico. En realidad, ¿no le interesa acaso al maestro el que los sortilegios de su alumno se conviertan en *mana*? Es por ello

---

[93] *Ibíd.*, p. 216.
[94] Según Sahlins.

que le puede pedir –sobre todo si es muy viejo, como precisa Ranaipiri– que retorne sus sortilegios contra él mismo, en la medida que, lo que le importa, se cuenta menos en términos de intercambio que de prestigio. La muerte del maestro se convertiría así en la prueba de que el discípulo supo sacar partido de su propio don; de que adquirió un *mana* superior; en fin, de que el maestro tiene un digno sucesor suyo. No cabe duda, por otra parte, que el propio Sahlins experimente también un sentimiento semejante y que espere de sus alumnos que reproduzcan su competencia hasta, eventualmente, «¡matarlo también a él!»

Sin embargo, aparte de la idea de compensación, Best hace intervenir otras dos nociones: el sacrificio y los dioses. El *hau* de los *taonga* es introducido por Ranaipiri, en efecto, para aclarar un rito religioso: según este rito, los *tohunga* (sacerdotes) colocan el *mauri* en el bosque. (El *mauri* es la expresión física del *hau* del bosque). Inmediatamente, el bosque hace crecer los pájaros… Los cazadores los matan y deben dar parte de ellos a los sacerdotes que, a su vez, los sacrifican para que el bosque reencuentre su fertilidad. Sahlins estima importante comprender el texto sobre el *hau* de los *taonga* como una glosa explicativa de este rito religioso, pero en absoluto para descubrir una razón superior a la del intercambio, porque, a sus ojos, no hay la mínima duda de que el sacrificio a los dioses no es sino un intercambio de los más interesados.

Ranaipiri, según Sahlins, querría mostrar a Best que el sacrificio es un intercambio productivo. Para eso, compara el sacrificio a las prestaciones económicas ordinarias, tal como se practican entre los Maorí; pero como esas «prestaciones ordinarias» no caen bajo el parámetro de las prestaciones occidentales, Sahlins propone proceder a la inversa: explicar esas prestaciones como un intercambio con los dioses, ya que de esta manera sería posible obtener una explicación del tercer personaje en el contexto de un verdadero intercambio. De esta forma, para Sahlins, «todo se aclara»: así como una parte de la caza debe volver a los sacerdotes y, por su intermediación, al

73

mauri y al bosque, del mismo modo, el segundo *taonga,* en el ciclo profano, debe volver al primer donante porque él es el *hau,* el producto del primer don. El *hau* del bosque es su fecundidad... el *hau* del don es su beneficio.

Pero, sin querer ser injustos con Sahlins, nos preguntamos: ¿qué viene a hacer el sacerdote al bosque? Para poner en evidencia la *crecida* del don y su productividad, bastaría decir: *Los cazadores depositan una ofrenda en el bosque y el bosque hace crecer los pájaros* (como, por otra parte, lo dicen los Maorí mismos, según una nota de Sahlins a propósito de una variante del mito maorí que no apela a los sacerdotes)[95]. El *tercero* permanece misterioso y parece significar muy bien una realidad de otro orden que el interés de los asociados comprometidos en un ciclo de intercambio económico. Así, los sacerdotes adquieren una posición privilegiada de donantes iniciales sobre quienes recae todo el mérito de la crecida del don. Estos, que juegan el papel de terceros, entre el bosque y los cazadores, se convierten en los sujetos principales del ciclo. Pero ser sacerdote, he ahí algo que pone de manifiesto la más alta dignidad en el ser. ¡No hemos salido del misterio!

Sahlins reconocerá, en definitiva, que uno no puede quedarse en las connotaciones seculares del *hau.* Sin que quepa duda de ello, el *hau* de los hombres y el *hau* del bosque, tienen una dimensión espiritual. El *hau* del bosque está concebido por los Maorí como un principio vital que tiene una naturaleza espiritual. El *hau* de los hombres es también un principio de vida espiritual. ¿Y el *hau* de los bienes? Para Sahlins, sólo sería su crecida material; pero acaba por admitir que *el-Hau-en-tanto-que-espíritu* no carece de relación con *el-Hau-en-tanto-que-beneficio-material*[96].

Sahlins, finalmente, se repliega en una noción muy querida por Mauss, la de hecho social total: los Maorí no

---

[95] *Ibíd.,* p. 210, nota 2.
[96] *Ibíd.,* p. 218.

experimentarían la necesidad de distinguir entre lo material y lo espiritual, lo económico, lo social, lo político y lo religioso.

Mauss –concluye Sahlins– estaba posiblemente errado en cuanto concierne a las características espirituales del *hau*. Pero en otro sentido, más profundo, tenía razón[97]. ¡*Kati ena*!

Pero, busquemos más precisión. ¿En qué sentido profundo Mauss tiene razón? ¿En la idea que los Maorí mezclan todo, o en esa otra idea que la razón del don recíproco, es decir, la obligación de devolver es el *mana*? Bajo el supuesto artificio pedagógico del tercero, Mauss reconoció aquello que la ideología maorí testimonia. El *hau*, aun si fuese el nombre del donador, el nombre del bosque… o hasta de la cosa dada, significa el ser maorí. Con la categoría del prestigio, los Maorí dan cuenta de un valor ético. Por otro lado, Mauss y Sahlins adivinan la necesidad de reconocer una relación simétrica anterior al ciclo ternario. Mauss afirma a la vez la simetría de los dones y el *mana*. He ahí el enigma. La simetría, cuya importancia fundamental ha sido captada por toda la intuición de los investigadores ¿se reduce a la bipolaridad del intercambio?

2 - El Tercero y la obligación de devolver

Para Mauss, el donante intercambia sus dones por dones o, incluso, por su prestigio. El recurso a la noción de intercambio le parece indispensable para explicar el retorno de los dones. Subraya que la obligación de devolver es primera en

---

[97] *Ibíd.*, p. 220.

relación a las de dar y recibir. Y bien, esta obligación que debería traducirse por una simetría bilateral, hace intervenir, según los indígenas, a un *tercero*. Ahí hay un primer enigma. Él impone también un retraso, al menos en ciertas circunstancias, y la dificultad se redobla. ¿Por qué un retraso? El retraso, responde Mauss, permitiría, simplemente, que las condiciones objetivas del don sean reproducidas.

> La noción de plazo se sobreentiende siempre cuando se trata de devolver una visita, de contratar matrimonios y alianzas, de establecer la paz, de ir a juegos o combates reglamentarios, de celebrar fiestas alternativas, de prestarse servicios rituales y de honor, o de "manifestarse recíproco respeto"[98].

Sin embargo, en todas las sociedades de don, existe un tiempo preciso que respetar para el retorno del don: demasiado lento, puede ser comprendido como una falta de fidelidad; demasiado rápido, hace parecer el don de retorno a una restitución que anula el don del otro. El respeto del intervalo justo es el arte de vivir en sociedad. El retraso es más que un constreñimiento natural. Indica al menos que uno se rehúsa a encontrar equivalentes inmediatos que harían parecer los dones a intercambios. Significa probablemente más: que lo importante no es reemplazar una cosa por otra, sino situar a los donantes frente a frente. Para prestaciones que tienen un carácter constante, como los matrimonios, esta simetría se expresa en el espacio: los parentescos no fusionan sino que quedan a cierta distancia el uno del otro. También se expresa en el tiempo, bajo la forma de una alternancia, de una periodicidad. Inmediata o alterna, la simetría de los dones diseña las fronteras de una comunidad de ser, juzgada superior a la de los individuos, una comunidad de referencia para

---

[98] Mauss, « Essai sur le don », *Sociologie et anthropologie, op. cit.*, p. 199.

todos, en la que cada uno se reconoce mutuamente como más humano.

Si el intercambio sustituye una cosa por otra, no las instaura en una simetría permanente. La idea del intercambio no da cuenta del cambio abierto por la simetría de los dones, ese campo que es la sede del *mana*. ¿Habría ignorado Mauss esta simetría que coloca a los donantes frente a frente? ¿O bien habría usado la idea de intercambio para dar cuenta de ella? Como quiera que fuese, la noción de intercambio no satisface a Mauss tanto como parece, ya que da la palabra a los hechos, como si quisiera que ellos mismos nos aclararan el enigma. Estima, por otra parte, que los etnógrafos que mejor observaron la realidad e intentaron interpretarla en términos de intercambio: Boas y Malinowski, utilizan conceptos inadecuados y que, incluso él mismo, ha fracasado. Es a los Melanesios a quienes confía el cuidado de expresar lo que esto quiera decir de más esencial y, sobre todo, el significado de la relación entre la simetría de los dones y el *mana*.

Las ideas que nosotros deducimos, así como su expresión, las encontramos en los documentos que Leenhardt ha recogido sobre Nueva Caledonia. Comienza por describir el *pilou-pilou* y el sistema de fiestas, regalos y prestaciones de todo tipo, incluida la moneda, que no se puede dudar en calificar como *potlatch*. Los dichos de derecho en los discursos solemnes del heraldo son típicos a este respecto. Así, por ejemplo, durante la ceremonia de presentación de los ñames para la fiesta, el heraldo dice: "Si hay algún *pilou* ante el cual no hemos estado allí, entre los Wi…, etc., este ñame vendrá como en otra ocasión un ñame semejante partió de allí para venir entre nosotros…". Es la misma cosa la que retorna. Más adelante, en el mismo discurso, es el espíritu de los antepasados el que permite que "desciendan… sobre estas partes de víveres, el efecto de su acción y su fuerza". "El resultado del acto que ellos realizaron aparecerá hoy, pues todas las generaciones están presentes en su boca". He aquí otra forma, no menos expresiva, de representar la obligación de derecho: "Nuestras fiestas son como el movimiento de la aguja que sirve para unir las partes de un teclado de paja, con el fin de formar un solo techo, una sola palabra". Retornan las mismas cosas, es el mismo hilo el que une[99].

La reciprocidad de los dones está del todo ordenada para producir una sola palabra. Su fruto es el ser de la humanidad, el Verbo, dice Leenhardt; el Gran Hijo, dicen los Kanak. La ofrenda misma es palabra de donde nacen las generaciones de hombres auténticos; la reciprocidad está en las fuentes del génesis: *todas las generaciones han aparecido en su boca...* Ese «techo», esa palabra única, es uno de los lazos de almas del que cada asociado participa por sus dones. Este lazo está tejido por los dones que van y vuelven. Se traduce por la obligación de dar, recibir y devolver.

Se entiende que el lazo creado para dar y el lazo creado para recibir, son el mismo lazo cuando se remarca que esas operaciones están encadenadas por la obligación de dar y recibir. Para cada quien, el lazo de almas es, primero, el vínculo entre el hecho de ser donante y el hecho de ser donatario. El que recibe se obliga a devolver y el que da, a su vez, a recibir. Mauss tuvo la intuición de que era necesario empezar por la obligación de devolver. Ella es la primera, ya que une el uno al otro, al dar y al recibir, permitiendo que se revelen mutuamente. Donar toma su sentido de dar, sólo por el hecho de recibir; recibir por el hecho de dar.

Mauss percibió la primacía de la obligación de devolver, pero no extrajo de esa observación el principio de reciprocidad. Su insistencia en declararla irreducible a los dos términos permite, sin embargo, invocar una estructura más fundamental que enlaza entre ellas todo tipo de actividades: matrimonios, asesinatos, dones...: la reciprocidad. En las

---

[99] *Ibíd.*, p. 174-175.

prestaciones totales, todo es simbólico, dice Mauss, y todo es recíproco.

Lévi-Strauss, sin embargo, le reprochará no haber postulado claramente el intercambio en el corazón de la función simbólica, y de no haber aceptado la tesis del intercambio sino a regañadientes, sin abandonar la distinción de las tres obligaciones de devolver, dar y recibir. Mauss reconstruiría el intercambio a partir de categorías que dan derecho a otro motor económico diferente al del intercambio: el «cimiento afectivo» del *mana*[100]. Es porque los Melanesios, como Mauss, no llegarían a percibir el intercambio subyacente a las obligaciones de dar y recibir, que imaginarían el *mana* como algo que los interconectaría entre sí.

Pero los Melanesios comprendieron que si las obligaciones de dar y recibir están ligadas, es por una estructura que les confiere sentido, una estructura que no es el intercambio sino la reciprocidad.

La reciprocidad es la matriz del lenguaje: lenguaje del parentesco, lenguaje del don, lenguaje de la palabra. Por la reciprocidad, toda acción cara a cara se redobla por la pasión que engendra. Apenas los términos de la acción y de la pasión se hacen simultáneos, la conciencia es, a la vez, conciencia de algo y de su contrario. La reciprocidad instaura entonces la conciencia como reconocimiento mutuo de un término por otro. La conciencia de dar y de recibir, como toda otra conciencia, nace de la relativización de dos expresiones antagónicas. El don toma de los sistemas biológicos sus referencias naturales, como alimentar, ser alimentado. Pero los términos, que no eran sino complementarios en la naturaleza, se hacen contradictorios gracias a la estructura de reciprocidad.

---

[100] Lévi-Strauss, «Introduction à l'œuvre de Marcel Mauss», *op. cit.*, p. XLVI.

El equilibrio contradictorio, que procede de la relativización mutua de esos dos términos antagónicos, es el *Tercero incluido*, donde se funda la función simbólica. El equilibrio de dos términos es la sede donde nace el *mana*; dicho de otra forma: el sentido de toda conciencia. La sensación de ese *mana* aparece y se desvanece en función del equilibrio o del desequilibrio de la reciprocidad. Y bien, cada uno puede equilibrar la acción por la pasión, en la medida que reciba la acción recíproca del otro. Para ello, empero, es necesario que se instaure antes un cara a cara. La reciprocidad es anterior a la aparición de la conciencia individual.

La anterioridad del equilibrio de la reciprocidad, sobre la posibilidad de experimentar el *mana*, sugiere que éste depende de un afuera[101]. El *mana* proviene, en efecto, de una matriz indivisa; es lo que adviene de otra parte: su revelación está bajo el yugo de condiciones, en relación a las cuales, cada uno está desprovisto de todo poder. El Otro es primero.

El Otro, al cual cada uno aspira, es frágil y vulnerable, ya que nadie puede ser su solo autor. La fragilidad del Otro atestigua, a cada instante, de la anterioridad de la reciprocidad sobre la afirmación del individuo. El otro es más que un testigo, de lo que cada uno experimenta; es tanto como uno mismo: la condición del Otro. Y como el uno ve brillar al Otro en la mirada del otro, tiene la impresión de que sólo se lo debe al otro. De ahí, quizá, la idea de que el don podría ser un intercambio: una adquisición de prestigio, de ser. Pero una idea de esta naturaleza supone el ser, como entidad constituida, como ser de cosas, y no como un ser *por devenir*, un *ser por nacer*. Tal idea bloquea la estructura de reciprocidad generadora del Otro. No hablamos aquí del ser, como el ser de las cosas, sino como el sentimiento que está en el corazón de

---

[101] Es por ello que el *mana* de cada uno de los asociados de la reciprocidad es también un sentimiento de *mana indiviso*, ya que el *mana* no se les da a ellos sino a partir de su relación recíproca.

toda revelación, como el surgimiento de una realidad sobrenatural: la afectividad propia de una conciencia humana que se impone a la evidencia. El ser es aquí lo que adviene.

Hay que insistir sobre el hecho de que, en las prestaciones totales, lo que está en juego en la reciprocidad, no es redoblar lo idéntico o asociar términos complementarios, sino poner en contradicción lo idéntico y lo diferente, lo propio y lo extraño, lo conocido y lo desconocido, el pariente y el enemigo, el dar y el tomar. El *mana*, como Tercero incluido, no es sólo imprevisible, ignorado por el uno y el otro, sino, sobre todo, lo que excede todo conocimiento posible. Es por ello que Lévi-Strauss pudo llamarlo un significante «vacío», susceptible de recibir todos los contenidos, y Mauss, por el contrario, pudo darle el sentido pleno de la afectividad e incluso del ser, en la fuente de toda palabra. El producto de la reciprocidad de las fuerzas contradictorias, en efecto, no es una síntesis, sino la relativización recíproca de conciencias elementales antagónicas; el vacío que revela la presencia de lo que es radicalmente otro en relación al mundo: el *más allá* de todo; el Otro, pues, es lo sobrenatural que todo lo aclara, que otorga significación a todo.

El *mana* está en toda prestación total, unánimemente repartido entre los unos y los otros, como un lazo de almas, como un parentesco sobrenatural, ya que es el fruto de la reciprocidad que mantiene juntos a los miembros de la comunidad; aunque es también lo propio de cada actividad, el sentido que se liga a la relatividad de los términos antagónicos de toda prestación particular, desde el momento que están unidos por la reciprocidad. El *mana* no es, pues, un sentido que se comunicaría indiferentemente a toda cosa, incluso si pudiese ser invocado por defecto. Cada relación recibe su propio sentido de su inscripción en una estructura de reciprocidad que, a su vez, confiere a sus autores un estatuto que alimenta su imaginario.

3 - La estructura ternaria

Mauss juntó las piezas maestras de una nueva teoría: el don, la obligación de devolver, el prestigio y el *tercero*: esa palabra maestra de la que declaró que era la «única oscuridad» de la teoría indígena. Se mantiene inamovible en la idea de que el ciclo de los dones se reduce a la obligación de devolver. Ahora bien, esta obligación supone una estructura fundamental de simetría entre los dones.

Mauss recuerda que la enseñanza del maestro maorí Tamati Ranaipiri, a la cual se refiere, hace intervenir tres personajes y crea la paradoja de un ciclo ternario allá donde se esperaba una simetría bilateral. Para resolver esta dificultad, Mauss interpreta la respuesta de Tamati Ranaipiri como una manera de restablecer la simetría ausente y, a partir de ahí, el tercer personaje sólo es un artificio para hacer visible el *hau*. Este tercero encarna la representación que los Maorí se hacen de las cosas. Hemos respondido que Ranaipiri propone la estructura ternaria para apartar la interpretación del retorno del don como un intercambio. ¿Se puede ir más lejos y proponer una interpretación más profunda que permita conciliar la simetría bilateral, el *hau como Tercero*, y el tercer personaje, sin reducir a éste al rango de un artificio didáctico? La estructura ternaria, ¿no sería, como propone Mauss, sino un artificio para hacer visible el *mana*? ¿O bien el hombre inventó esta estructura para ser él mismo el Tercero? ¿Cuál es la diferencia entre estructura binaria y ternaria?

Según nuestra tesis, en la estructura binaria, el *hau* o *mana* nace indiviso de la paridad con el otro. Entre los asociados, él es inaprensible. El Tercero es el producto de la estructura misma de la reciprocidad. Pero he aquí que el *mana*, de las primeras estructuras de reciprocidad, es menos un *cimiento afectivo* que un sentimiento original de ser. Y el ser habla; es la palabra de la que cada uno es sólo un portavoz: *para no hacer sino un solo techo, una sola palabra.* De este modo, el ser humano es invitado a ubicarse en una red preestablecida en la que tiene lugar la revelación. Recibe el sentimiento de ser: el *mana* e, incluso, la palabra de este campo estructurado, por la reciprocidad, entre él y su otro.

Mientras que, en la estructura binaria, la palabra traduce un sentimiento que le parece venir de fuera e incluso del otro, en la estructura ternaria el donatario, en vez de establecer una relación cara a cara con su contraparte al volverle a dar, rompe este cara a cara o, más bien, suspende la relación y el Tercero queda entonces como virtual. Se dirige entonces hacia otro socio con el cual cumple la reciprocidad. Pero tampoco crea un nuevo cara a cara con este nuevo asociado. Ahora bien, en el movimiento de reversión del primer asociado hacia el segundo, él, el tercero intermediario –quien se vuelve donante siendo antes donatario–, es la sede de una conciencia de conciencia, como antes en la estructura binaria, ya que da y recibe simultáneamente, al tiempo que queda como la sede de lo contradictorio: del *Tercero incluido.* La estructura ternaria produce, pues, el nacimiento de lo contradictorio en cada uno, como antes en la estructura binaria, aunque esta vez focaliza su fuente en la iniciativa propia de cada uno, ya que el equilibrio de dar y recibir depende, a partir de ahí, de su competencia y su decisión. La subjetividad aparece entonces como Yo. El tercero intermediario, donante y donatario, es el Tercero. Es el Tercero en carne y hueso. El Tercero es interiorizado. Es eso lo que se puede llamar *la individuación del ser.* Por cierto, cada asociado reproduce la misma estructura; cada uno es la sede del Tercero.

La estructura ternaria permite a cada uno ser una matriz singular del *mana.* El ser humano no es sólo el portavoz del Tercero que se le revela en función de un equilibrio exterior: el oráculo del cara a cara. El ser humano se ha hecho responsable del Otro. Le compete estar en el sitio en el que todo otro sabe que es recibido en tanto que hombre. Como narran los mitos aztecas o incas, el extranjero, el desconocido, enemigo o amigo antes mismo de haber aparecido, es esperado. Es esperado como los colonos occidentales que llegaron a las costas de las Américas. La estructura ternaria es generadora de una individuación del Tercero que se traduce como sentimiento de *responsabilidad*.

Y bien, puede ocurrir que el don parezca no recíproco. Mas, si el hombre es capaz de dar sin ninguna obligación de que el otro vuelva a darle, es porque pertenece a la estructura ternaria. Es el «hombre recíproco». Más exactamente, la apertura de la reciprocidad bilateral a la simetría ternaria borra el *rostro* del otro, que reflejaba al Tercero. Cada uno debe encontrar en otra parte un rostro para la humanidad que veía en el otro, y no lo ve aparecer sino a través de su iniciativa de dar y recibir. Esta iluminación interior es la fuente del prestigio. Entonces, el don le vale al donante su primera imagen de gloria, el primer nombre de su ser. Desde entonces, la estructura ternaria permite la individuación del ser y la responsabilidad; pero ella también está llena de peligros: es una amenaza. El hombre enfrenta el primer drama de sus orígenes: el Tercero debe expresarse bajo el yugo del imaginario particular del donante. Debe soportar el peso del significante que lo designa.

Mauss no se equivocaba, pues, al ver en el *mana* una fuerza espiritual que planeaba sobre los donantes y donatarios, al mismo tiempo que lo atribuía a cada donante. Como, muy rápidamente, el que tiene la iniciativa del don se lo apropia, bajo la forma de prestigio, el lazo de almas hace sitio a la primacía del donante y entonces el imaginario del don se convierte en su nombre. De ahora en adelante, la gloria del nombre será proporcional al don. Y si bien Mauss no renunció del todo a tratar el prestigio, como un objeto adquirido por el donante o como un tener que él podría realizar bajo la forma de ventajas materiales, es que el *mana* se confunde con su representación. Sólo en ese sentido, Mauss se dejó mistificar por la ideología indígena: el donante no distingue el *mana* de su imaginario y, por tanto, de su interés superior, desde el momento que lo captura para su beneficio, para hacer de él su prestigio y su poder.

Mauss trataba de descubrir el secreto del *mana* en un sistema ternario. ¿Cómo habría podido no confundir el *mana* con el nombre del donante, si es la estructura ternaria la que asegura la transición de un Tercero indiviso, producido por el cara a cara con el Tercero individualizado?

La estructura ternaria asigna al ser humano la responsabilidad, pero también la iniciativa en el ciclo de reciprocidad. El *mana* del *tohunga* es una fuente de vida. El *tohunga* es el ser humano elevado a la dignidad individual de creador. El tercer personaje no es, pues, un artificio pedagógico; es uno de los tres pilares de una estructura ternaria, sin la cual el ser humano no podría llegar a ser un sujeto responsable del *mana*: el *mana* pertenecería a los dioses; el ser humano no podría ser *tohunga*. El *tohunga* de los Maorí es el Tercero de la reciprocidad, convertido en hombre responsable, que no podría aceptar que la palabra fuese sometida a la motivación de un interés privado, pagado en especie o en natura, ¡aï aha!, porque ella es la trascendencia del hombre sobre la naturaleza.

En el ciclo de Ranaipiri, cada uno está vivo porque participa en la reciprocidad de los dones. En sentido inverso, no dar o no volver a dar, es morir. Esta individuación del Tercero no es exclusiva del otro, ya que cada uno está unido a dos asociados que, a su vez, se convierten en *seres vivientes*. En la estructura social de los Kanak, Leenhardt hace de ella el Verbo, sin duda porque percibió que el *mana* no es solamente un estado de gracia que se comunica a todo lo que participa de la reciprocidad. La estructura ternaria aporta a este estado de gracia un punto de partida, un origen que lo dinamiza. El Verbo es el eje motor que regula alrededor suyo las condiciones de la vida. Es más que el hogar del sentido: organiza la significación. Es un principio operador. A partir de ahora, cuando el receptor retoma la iniciativa del don es, en el pleno sentido del término, el *ser viviente*.

Sin embargo, la estructura invocada por Ranaipiri no es del tipo ABC, sino del tipo ABC, CBA. Es, a la vez, binaria y ternaria. Tal vez sea una figura de mediación entre los dos, pero quizá algo más: una estructura fundamental, una tercera estructura que se podría llamar estructura trinitaria, para distinguirla de la estructura ternaria simple ABCA. El tercero intermediario ocupa el centro de una estructura binaria. El tercero intermediario de una estructura ternaria (el *tohunga* en el ciclo del bosque), hace visible al Tercero indiviso de una relación simétrica entre sus dos asociados (ya que cada uno de ellos da, cuando el otro recibe y recibe, cuando el otro da). Ranaipiri mismo, en el ciclo del *hau*, encarna así su *mana* indiviso, el *mana* nacido de su cara a cara. El *es* el *mana* indiviso de los otros dos. El tercero intermediario, entre aquel de quien recibe y aquel a quien le da, es el centro de su comprensión mutua, que debe ordenar la gracia a la medida de los dones de los unos y los otros; es el fiel de la balanza, el sentimiento de justicia. El espíritu del don no es ciego; no es la alegría de volver a dar y otorgar sentido por la gloria, a través de un devolver que se dirigiría a la multitud, sino que está orientado por la palabra de lo justo que lo asigna donde se debe. Ranaipiri no dice que teme vuestra venganza, sino que es *justo*, que os devuelva el regalo que le ha sido obsequiado en reciprocidad de aquel que le habíais dado. El sentimiento que lo habita es la justicia. La cosa es todavía más clara cuando la reciprocidad está centralizada. El Tercero de la reciprocidad puede situarse, en efecto, en el centro de la comunidad de donantes y de donatarios, cara a cara. Un solo personaje ocupa entonces el sitio del tercero intermediario entre todos los asociados.

El Gran Hijo de la comunidad kanak, hacia quien afluyen los dones, es más que un *cesto de palabras*, responsable del sentido o de la iniciativa de la reciprocidad; él es el que redistribuye según la justicia.

La estructura ternaria, en fin, no es solamente mediadora de la individuación del *mana*; ella es el soporte de su

86

universalización, ya que todos los asociados del ciclo de reciprocidad están simultáneamente investidos de la misma autoridad y de la misma competencia, ya sea esta dicha por cada uno para cada uno o por uno solo para todos. No es porque tendría miedo de los otros, lobo para el hombre en la guerra de todos contra todos, que Tamati Ranaipiri teme la muerte. El hechicero, al que le da la palabra, demanda incluso la muerte para experimentar que el sortilegio que ha dado a su discípulo se ha convertido en más *mana* que el suyo propio. ¿Cómo no podría burlarse de una muerte semejante? Tamati Ranaipiri no dice: *Debo devolver el objeto que he recibido, sino tendré que sufrir vuestra cólera.* Ninguna inquietud proveniente del otro aparece en su réplica; ninguna violencia se perfila en el horizonte.

Tamati Ranaipiri habla de su responsabilidad y, como el hechicero, su alter ego en la reciprocidad negativa, está preocupado por su ser. La muerte que teme es la desaparición del sentido. Es responsable de devolver para que el don sea la expresión de la amistad y de la justicia, ya que sin esta obligación de reciprocidad que le incumbe, no habría ser social, ni vida social, ni sentido de la vida. Moriría, por no ser el sujeto del ser, por no ser el Tercero, por no ser el hombre recíproco. El *mana* es una vía de conocimiento; es el sentido que va del uno al otro. Tamati Ranaipiri dice que vuestro regalo tiene un *hau*. El sentido se recibe del que devuelve (ese *taonga* que me da es el *hau* del *taonga* que he recibido de vosotros y que le he dado a él). Sin duda, Ranaipiri explicó a Best que, en los orígenes, los hombres se supieron reconocer como responsables, gracias a esta reciprocidad ternaria que, en el ejemplo, aplica al bosque. El iniciador de esta humanización de la naturaleza es el *tohunga*, el primero en encarnar el Tercero y el responsable del ciclo; es él quien da al bosque su título de humanidad (el *mauri*) y, hela ahí, entonces, como fuente de los dones, madre de los pájaros.

Conclusión

Mauss se funda en una conclusión maestra: los dones van y vuelven siempre. Poco importa su valor, poco importa su naturaleza; pueden ser idénticos o no; lo importante es que recorren caminos diversos o simétricos, ya sean mutuos, ya se reproduzcan como en espejo; y esta reflexión es el resorte oculto de sus movimientos, incluso cuando son aparentemente libres y gratuitos. La teoría maorí lo obliga a introducir, entre los miembros de las comunidades de reciprocidad, un Tercero de naturaleza ontológica, el *mana*, el *hau* entre los Maorí, inmediatamente denunciado, atacado, ridiculizado por sus críticos: este tercero es una falsedad, una ilusión, un recurso arbitrario, afectivo, sobrenatural, místico... fuera del alcance de la ciencia. Mauss mismo lo considera como una expresión primitiva. Pero cuando Mauss trata de agrandar la noción de intercambio ¿no ocurre que también debe objetivar las cosas, sea el honor o el *mana*, para pensarlos científicamente? ¿No tiene acaso la ciencia de su tiempo la gran preocupación de fundamentar la objetividad de sus conocimientos? ¿Podía la ciencia otorgarle derecho a ese Tercero enigmático, a ese Tercero *incluido*, que su lógica de no-contradicción excluía, ya que él es lo contradictorio e imposible?

Sin embargo, en la época en que Mauss escribía el *Ensayo sobre el Don*, la ciencia ya estaba en condiciones de sobrepasar el positivismo del siglo XIX. El psicoanálisis había descubierto el inconsciente; la fenomenología proponía fundar una nueva ciencia sobre la subjetividad; la revolución cuántica estaba en marcha. Los físicos descubrían que la lógica de identidad sólo conviene a la macrofísica. Por doquier aparece un Tercero incluido que los investigadores no cesan, primero, de querer reducir y que, luego, reconocen como irreducible.

Mauss, sin embargo, no renuncia a lo que hoy nos parece como profético. Manifiesta, en varias ocasiones, su despecho porque las palabras, los conceptos occidentales, no le sirven para expresar la importancia de lo que presiente. A veces, parece capitular. ¡Entonces, el hombre primitivo da sólo aparentemente! Todo es ilusión... el don no es sino el incentivo de la ganancia, máscara del más egoísta de los intereses privados, a veces en nombre del ser, pero es el donante el que tiene el nombre del ser y todo vuelve a lo mismo... Todos los bienes deben volver al primer donante, cuyo *mana* amenaza a aquellos que son tocados por esos dones. Los dones matan... Y, según Boas, el prestigio es un símbolo de un tener, el resguardo de una promesa material. Se podría acumular bienes, ser rico, pero he aquí que es más sabio convertir esas riquezas en monedas de renombre que, a su vez, se pueden invertir y hacer fructificar. En todas partes y siempre, la riqueza se acumula bajo la apariencia del prestigio; la riqueza reina. Los mismos reyes no son sino hábiles banqueros.

Sin embargo, en la cumbre del poder, los donantes supremos renuncian a los intereses materiales: queman sus haberes para merecer aún más gloria. El honor se conquista a despecho de la riqueza. La contradicción entre el ser y el tener es irreducible. Es más: allá donde los hombres ya no tienen nada, se da todo; se da incluso hasta la vida... para ser. Las prestaciones primitivas se hacen con un espíritu diferente al nuestro. Lo que prima sobre el interés, es el honor, el valor de ser. Este otro espíritu hace estragos en la interpretación de Boas: le da la vuelta, la niega de cabo a rabo. En todo tiempo y lugar, el goce del honor se impone sobre el goce de los bienes materiales. De golpe, todo se da la vuelta. El prestigio esconde otra cosa que el tener. Esconde al ser. El prestigio es la magnificencia del ser. Y el tener mismo, en las sociedades de don, no es sino un adorno del ser...

Entonces, bajo los emblemas, los escudos, los tesoros, los talismanes, las representaciones religiosas, las monedas de renombre, por doquier reina el *mana*, la fuerza del ser. Mauss intenta aún salvar la noción de intercambio; intenta aplicarla al prestigio e incluso al ser, sin que su significación sea modificada en profundidad. Todo se intercambiaría, no sólo las cosas usuales, sino también el espíritu, el alma, la afectividad; todo sería materia de rendición. Y esta idea parece ratificada por la observación de las comunidades que parecen más primitivas, en las que las prestaciones llamadas totales interesan a todo, al ser y a las cosas mezcladas.

Al intercambiar objetos, se intercambiarían también afectividades. Partiendo del intercambio económico, en el que reina el interés material, Mauss extiende la noción de intercambio a la función simbólica, a través de la confusión de sentimientos y cosas del alma primitiva. Las transacciones económicas, las expresiones culturales, las manifestaciones políticas, las estructuras de parentesco, las prestaciones totales, todo puede ser simbólico. Pero entonces no se puede evitar el otorgarle el derecho al Tercero, sin el cual ningún lenguaje podría existir; la palabra se manifiesta, el don es una palabra, pero la palabra no se aliena cuando se dice, se comunica pero no se intercambia.

Bajo las máscaras, los juegos, el lujo, los desfiles, las oraciones, las justas y los combates rituales, los sacrificios, engaños, cuentos, mitos y magias, el reino del intercambio se deshace y el muy brillante *Ensayo* se detiene donde la función simbólica proyecta sobre el inmenso inconsciente, apenas descubierto, su débil y parpadeante haz como un faro sobre la oscuridad del mar.

Lo esencial de sus descubrimientos, Mauss lo hace decir a los «indígenas». La reciprocidad de los dones es como la aguja que teje el techo del mundo. El Tercero es un lazo de almas. La reciprocidad es su matriz, el principio de su génesis. De ella nace el sentido, el *mana* y el nombre del hombre: el Gran Hijo, de los Kanak, o el *tohunga*, de los Maorí; el nombre del Padre, de los cristianos; el *Ñande Ru*, de los Guaraní; el *Yahve*, de los Hebreos; el *Yompor*, de los Amuesha; el *Nguenechen*, de los Mapuche.

Sin embargo, incluso cuando anuncia que nuestras sociedades deberán, al término de su experiencia con el intercambio, redescubrir lo primordial... Mauss no osa repudiar los *a priori* antropológicos del siglo XIX: en el momento en el que los biólogos proponían la gran idea de la evolución y mostraban que las especies vivientes evolucionaban a partir de formas simples hacia formas complejas; los sociólogos imaginaban, en efecto, que la humanidad se diferenciaría a partir de hordas homogéneas, gracias a la división del trabajo y el intercambio. En el *Ensayo sobre el Don*, Mauss aún acepta la enseñanza de Durkheim que postulaba, en el origen, la identidad de los sentimientos colectivos. No comenzará a poner en duda «el amorfismo de las sociedades primitivas» sino años más tarde:

> Hay que ver qué hay de organizado en los segmentos sociales y cómo la organización interna de esos segmentos, más la organización general de esos segmentos entre ellos, constituye la vida general de la sociedad[102].

Gracias a un trabajo de Radcliffe-Brown, sobre las comunidades australianas, tomará conciencia de que la unidad, la cohesión de esas comunidades, no es debida a la identidad de los individuos, ni a la homogeneidad de sus comportamientos: «Esta curiosa cohesión se realiza por adherencia y oposición».

> He ahí cómo debemos representarnos las cohesiones sociales desde el origen: mezclas de amorfismos y polimorfismos[103].

---

[102] Mauss, «La cohésion sociale dans les sociétés polysegmentaires» (1931), en *Essais de Sociologie*, Paris, Éd. de Minuit, 1971, p. 135.

[103] *Ibíd.*, p. 139.

Mauss habla solamente de una mezcla entre las atracciones y las repulsiones, sin ver en el *equilibrio de esas fuerzas contradictorias* una estructura fundamental. No propondrá una nueva teoría. ¡Es demasiado tarde! Pero deseará que sus sucesores la construyan sobre esas premisas. En algunas líneas, traza un programa: no solamente el de la *reciprocidad directa* sino también el de la *reciprocidad indirecta*, que serán tratados por Lévi-Strauss en *Las Estructuras elementales del parentesco*, bajo el nombre de «intercambio restringido» e «intercambio generalizado».

Mauss ve el origen natural de la estructura de reciprocidad en las condiciones del parentesco original (la exogamia y la filiación).

> La separación por sexos, por generaciones y por clanes, llega a hacer de un grupo A, el asociado de un grupo B, pero estos dos grupos A y B, dicho de otra forma, las fratrías, están justamente divididas por sexos y generaciones. Las oposiciones cruzan las cohesiones[104].

En fin, llama nuestra atención sobre un momento de reciprocidad, cuya modestia no debe esconder su relación con lo primordial:

> Se tiene un ejemplo [de reciprocidad] en la vida de familia actual, sin tener que remontarse a las familias del tipo de los grupos político-domésticos. Viven, los unos con los otros, en un estado, a la vez, comunitario e individualista de reciprocidades diversas, de mutuos favores dados, algunos sin espíritu de competencia, otros con recompensa obligatoria, los otros, en fin, con sentido rigurosamente único, ya que se debe hacer por el hijo lo

---

[104] *Ibíd.*, p. 141.

que se habría deseado que el propio padre hiciera con uno[105].

Esta conciencia del deber, de la Deuda universal, ¿no resulta de la estructura de la reciprocidad? Una estructura de reciprocidad, es cierto, muy particular, en la que las oposiciones cruzan las cohesiones y, sin duda, las equilibran; una reciprocidad primordial en la que las simetrías son dobles: de atracción y repulsión, de identidad y de diferencia. Este equilibrio contradictorio, ¿no es la clave para retornar a las fuentes de lo social?

*

---

[105] *Ibíd.*, p. 140.

II

LA RECIPROCIDAD NEGATIVA
ENTRE LOS SHUAR

1. LA TEORÍA DE LA RECIPROCIDAD NEGATIVA

Introducción

Bajo la batuta de Raymond Verdier[106], recientemente, un importante equipo de investigadores pasó revista a las diferentes formas de la reciprocidad negativa (o de venganza), como antaño lo hiciera Mauss con las formas de la reciprocidad positiva. Ahora bien, del mismo modo como Mauss no pudo mostrar que la reciprocidad positiva es una matriz del lazo social, por haber adoptado las categorías de la economía política del intercambio, así también estos autores no pueden tratar la reciprocidad negativa como otra matriz de este lazo, ya que se mantienen fieles a la tesis de Lévi-Strauss: la sumisión de la reciprocidad al intercambio.

Sin embargo, como remarca Mark Anspach[107], la analogía que proponen desemboca en un callejón sin salida; en efecto, la prohibición de asesinato al interior del grupo, es la otra cara de la reciprocidad de asesinato al exterior del grupo, como la prohibición del incesto es la otra cara de la relación de alianza; pero si se hace de la prohibición de asesinato al interior, la razón de los intercambios de asesinato al exterior del grupo, la coherencia del razonamiento conduciría a la conclusión de que la prohibición del incesto es también la razón del intercambio de mujeres al exterior; como sabemos, Lévi-Strauss sostiene justamente todo lo contrario: el intercambio al exterior es la razón de la prohibición al interior.

---

[106] Raymond Verdier (dir.), *La vengeance. Études d'ethnologie, d'histoire et de philosophie*, (4 vol.), Paris, Éd. Cujas, 1980-1984.

[107] Mark Rogin Anspach, « Penser la vengeance », *Esprit*, n° 128, juillet 1987, p. 103-111.

Esas dos prohibiciones son contradictorias entre ellas. La prohibición de venganza protege los intercambios positivos en el interior, gracias a los intercambios negativos en el exterior; la prohibición del incesto asegura los intercambios positivos al exterior, mediante su interdicción al interior. Es necesario, pues, que la venganza sea llevada más allá del grupo constituido por las relaciones de exogamia. La razón de ello sería, por tanto, proteger el ser social creado por la reciprocidad de alianza. Pero he aquí que ello implicaría reanimar la teoría funcionalista.

Jesper Svenbro[108] trata de justificar la eficacia de una estructura de reciprocidad entre los grupos, imaginando bajo los intercambios negativos, a los cuales se reducirían aparentemente los asesinatos recíprocos, ventajas positivas: la venganza estrecharía los rangos del grupo y, de esta cohesión, el grupo extraería una nueva fuerza vital. Se intercambiarían entonces venganzas para intercambiar esas fuerzas vitales. Ahora las dos prohibiciones se hacen coherentes: ambas promueven intercambios positivos en el exterior. Una mano invisible equilibraría los asesinatos de manera recíproca en el interés de los unos y los otros.

Sin embargo, Verdier insiste en la «distancia social» que preserva el equilibrio entre las comunidades enemigas. Ella favorece un reconocimiento del otro, en la cual André Itéanu percibe una «identidad intergrupal»[109]. Esta distancia se parece como una melliza a aquella de la reciprocidad de alianza: el ni demasiado cerca ni demasiado lejos de las «personas buenas

---

[108] Jesper Svenbro, « Vengeance et société en Grèce archaïque. À propos de la fin de l'Odyssée », en R. Verdier, *La vengeance*, vol. 3, *Vengeance, pouvoirs et idéologies dans quelques civilisations de l'Antiquité*, Paris, Cujas, 1984, p. 47-63.

[109] André Itéanu, « Qui as-tu tué pour demander la main de ma fille? Violence et mariage chez les Ossètes », en R. Verdier, *La Vengeance*, vol. 2, *La vengeance dans les sociétés extra occidentales*, Paris, Cujas, 1984, p. 61-81.

para casarse»; en suma la *mesotês* de Aristóteles, la «buena distancia», de la que nacen la justicia y la amistad[110]. Finalmente, Gérard Courtois[111] muestra que la venganza, según Aristóteles, no es solamente la compensación de un daño, sino la restauración de un equilibrio recíproco entre acción y pasión; equilibrio del que señala que es la sede del valor ético. La reciprocidad negativa aparece así como otra matriz del lazo social.

Gracias al trabajo de Michael Harner en los Jíbaros[112] (Untsuri-Shuar del este de Ecuador), buscamos comprender la razón de por qué los hombres han preservado la reciprocidad negativa de la competencia de la reciprocidad positiva a pesar de su precio en sufrimientos y desgracias.

Los Untsuri-Shuar viven en una región montañosa escarpada y de selva húmeda. Protegidos de las poblaciones andinas, por cordilleras abruptas, y de las poblaciones amazónicas, por sabanas cruzadas de rápidos que impiden la entrada de piraguas, los Shuar se adaptaron a una naturaleza hostil al hombre. Antes estuvieron organizados por un sistema de reciprocidad negativa[113]. Las relaciones fundamentales de

[110] Véase Paul Ricœur, Lectures 1, *Autour du politique*, Paris, Le Seuil, 1989, p. 176-195.

[111] Gérard Courtois, « Le sens et la valeur de la vengeance chez Aristote et Sénèque », en R. Verdier, *La vengeance*, vol. 4, *La vengeance dans la pensée occidentale*, (Textes réunis et présentés par Gérard Courtois), Paris, Cujas, 1984, p. 91-124.

[112] Michael J. Harner, *The Jivaro* (1972), trad. fr. *Les Jivaros: Hommes des cascades sacrées*, Paris, Payot, 1977.

El termino «jíbaro» tiene dos sentidos. Para los occidentales, define a todos los grupos jíbaros de Ecuador: Shuar, Achuar, Shiwiar y de Perú: Huambisa (Wampis), Aguaruna (Awajun). Utilizaremos aquí el nombre Shuar en vez de Jíbaro, sin dejar de recordar que los demás pueblos mencionados comparten los mismos principios de la reciprocidad negativa.

[113] La ingratitud del medio sugiere, inmediatamente, que la reciprocidad negativa se desarrollaría desde que la reciprocidad de los dones se haría imposible. Sin embargo, la reciprocidad negativa es conocida en las

ese sistema: asesinatos o raptos, siguen vigentes, pero con el redespliegue de misiones cristianas, tras de la Segunda Guerra mundial, el campo de la reciprocidad negativa se restringió. Las familias shuar se juntaron. Empezaron a dar más importancia a la reciprocidad de dones. En fin, la revolución del General Velasco Alvarado (1968-75) reconoció territorios a las comunidades amerindias en las que la reciprocidad de dones se impone netamente sobre la reciprocidad guerrera. Ese movimiento no dejó de crecer hasta permitir, en 1977, el nacimiento del Consejo Aguaruna-Huambisa del Perú (a partir del nombre de los dos principales grupos étnicos shuar). El Consejo Aguaruna-Huambisa reúne hoy en día a la totalidad de estas comunidades shuar del Perú[114]. Los Shuar del Ecuador, organizados bajo la tutela de los padres salesianos, siguieron una evolución similar.

Cuando se fundó el Consejo Aguaruna-Huambisa, la monografía de Harner sobre los Untsuri-Shuar, comunidad de Ecuador, acababa de aparecer, pero sólo en lengua inglesa, de manera que era inaccesible a los principales interesados. Algunas observaciones de esta tesis hicieron sensación entre los occidentales. Hemos interrogado a nuestros amigos Awajun sobre la actualidad de esas observaciones en sus propias

---

sociedades en las que la abundancia de víveres no se cuestiona. Podría ser, incluso, que esta abundancia sea la causa de la reciprocidad negativa. La abundancia puede conducir, en efecto, hasta el punto en el que nadie pueda ofrecer algo que el otro no tenga ya. Se puede imaginar, en ese caso, que para establecer relaciones de reciprocidad con el otro, el hombre encuentre más eficaz el recurrir a la guerra que el producir nuevas riquezas. Además, para las mismas sociedades de don, la reciprocidad negativa puede parecer como un progreso, ya que da sentido a la hostilidad y a la guerra. ¿Cuáles son las verdaderas razones de la reciprocidad negativa entre los Shuar? ¿Se deben realmente a la precariedad de sus medios de existencia? Constatamos solamente que los Shuar construyeron una sociedad muy compleja a partir del principio de reciprocidad negativa.

[114] Cf. Éric Sabourin, *Ethnodéveloppement et Réciprocité. Le Conseil Aguaruna et Huambisa*, Université Paris VII, 1982.

comunidades. En todas partes, las nociones importantes fueron confirmadas, particularmente aquellas de *kakarma* y de *arutam wakani*, que Harner traduce por «potencia de ser» y «alma de espectro antiguo».

Hemos respetado, en nuestra interpretación de la reciprocidad negativa entre los Shuar, los datos etnográficos de Harner, excepto una observación, tomada a Pedro García Hierro[115].

1 - El alma de venganza: el *arutam wakani* de los Shuar

La visión: *arutam*

Harner nos cuenta, primero, cómo los niños shuar, desde que tienen seis años, deben adquirir un alma «verdadera»[116]; deben afrontar las cascadas sagradas, cascadas muy peligrosas, ya que los torrentes de los Andes arrastran árboles y rocas, para alcanzar una visión de los espíritus: el *arutam wakani*[117]. Ya adolescentes, deambulan días enteros bajo el agua helada, salmodiando una onomatopeya: '*tau, tau, tau*', ayudándose de un bastón mágico de balsamero. Ayunan, sólo beben agua de tabaco. Por la noche, velan a la espera de una visión, la *arutam*, expresión de un «alma» shuar: el *arutam wakani*. Harner

---

[115] Jurista español, emigrado en Perú en 1971, que se dedico a defender a los derechos indígenas.

[116] «La vida diaria que se lleva al estado de vigilia se reconoce explícitamente como "falsa", "mentirosa"; y la única manera de conocer la verdad sobre las causas primeras es entrar en el mundo sobrenatural, mundo que los Jíbaros consideran "verdadero"». Harner, *Les Jívaros, op. cit.*, p. 119.

[117] *Ibíd.*, p. 121.

retiene, para traducir *wakanï*, la expresión «alma» o «espíritu», y para *arutam* la de «visión»:

> La traducción más clara para *arutam wakanï* es, sin duda, alma del "espectro antiguo". Solo el término *arutam* se refiere a una suerte de visión particular; pero *wakanï*, por su lado, significa simplemente alma o espíritu. Así, *arutam wakanï* es un tipo especial de alma que produce un *arutam*[118], es decir, una visión[119].

La *arutam* es una alucinación que, para los Shuar, da testimonio del mundo sobrenatural como el único real, y del cual depende incluso la realidad de la vida cotidiana. Es una alucinación en la que la violencia, el combate y, sobre todo, el asesinato, es de rigor (dos jaguares matándose o dos serpientes anacondas...)[120]. La *arutam wakanï* es, pues, un alma cargada de una potencia: un *alma de asesinato*.

Si al cabo de cinco días, la visión *arutam* no ha aparecido, un pariente próximo la suscita con la ayuda de una tisana de corteza de *Datura arborea*, que provoca una gran excitación, alucinaciones, un estado de narcosis. El adolescente debe dominar la tentación de escapar de la visión y encontrar la fuerza para correr hacia ella, en cuyo caso, dice el informante shuar, esta *arutam* «explota como la dinamita»[121].

El adolescente recibe entonces su primer alma de asesinato. Esta alma, que erraba por el bosque, se aloja ahora en su pecho. Guarda el secreto de ella, pero estaba preparado desde hacía mucho tiempo para recibirla, ya que sus parientes

---

[118] Anne Richard, traductora de la obra de Michael Harner, ha escogido el género masculino para el término *arutam* y femenino para el término *wakanï*. Nosotros mantendremos el mismo género (femenino) para ambos conceptos.

[119] Harner, *op. cit.*, p. 120.

[120] *Ibíd.*, p. 122.

[121] *Ibíd.*, p. 123.

le habían dicho quienes eran sus padres muertos por asesinato, cuyos almas de asesinato eran disponibles. En un sueño, descubrirá de qué pariente viene esta alma[122]. En el sueño, el adolescente escuchará a este pariente decirle: *Así como yo he matado numerosas veces, tú también matarás a menudo*[123]. El joven shuar se sentirá, desde entonces, habitado por una fuerza vital desconocida, una fuerza de vida indomable y, además, sabrá que esta vida se traducirá en asesinato. Sabe que está habitado por «una vida que mata».

Este título, que procede de uno de sus antepasados y le designa como representante de su clan, es característico: es el de asesino. Es un programa de lo que debe ser la vida: una vida-asesina. El joven shuar escucha decir: «*Tú también matarás*»... Esta alma es, así mismo, un nombre e incluso un nombre individual, que ha sido precisado por la calidad exclusiva de la visión *arutam*. Se traducirá por una proclamación de asesinato, y luego por su actualización. Visión, nombre, palabra, acto, forman una cadena ininterrumpida.

Esos ritos son una confirmación de una primera iniciación del adolescente en su nacimiento (recibe entonces una marca del alucinógeno, y sus padres desean que sea un gran guerrero)[124]. Lo preparan para una vida social y política de la que se verá que la dinámica principal es una dialéctica del asesinato. Pero observemos, de momento, que la primera alma *arutam* proviene de una prueba mortificante, reforzada por la narcosis debida a los alucinógenos.

El ideal de los Shuar, sin embargo, es tener dos almas *arutam*. Por si eso fuera poco, otra realidad, llamada *kakarma*, nace a partir de esas dos almas.

---

[122] *Ibíd.*, p. 123
[123] *Ibíd.*, p. 123.
[124] *Ibíd.*, p. 77.

La contradicción de la muerte real y de la vida imaginaria: la obligación de morir

Como su primera alma *arutam* se ha disipado en el transcurso del tiempo, los jóvenes, que se preparan para entrar en la vida social, deben renovarla. Van a adquirir su *alma de asesinato* de adulto, esta vez por ellos mismos, sin la ayuda de pariente alguno, gracias al ayuno y la mortificación. Pero he aquí que la mortificación no basta; ella debe ser la prolongación de una muerte recibida del enemigo. La nueva alma proviene, en efecto, de un pariente matado por el enemigo[125]. Hay que sufrir entonces una muerte para adquirir un alma de asesinato. La muerte *por asesinato* ya indica la parte del otro en la construcción del alma del guerrero.

Un alma tal otorga al Shuar el sentimiento de ser «invencible», ya que es un alma de vida.

> Los Jíbaros piensan que aquel que posee un alma *arutam* no podrá morir de muerte violenta. (...) Con otras palabras, el que posee una sola alma *arutam* está liberado de la inquietud cotidiana de ser asesinado[126].

Esta conjunción entre la muerte y la vida (se merece un alma de vida por una muerte) es una *conjunción de contradicción*. El alma adquirida es, en efecto, lo contrario de la muerte por asesinato. Esta alma no es solamente el hecho de vivir o de ser inmortal, sino una vida que mata; ella es potencia de asesinato.

El Shuar es la sede de una muerte por asesinato (vivida, cierto, por procuración) y de una vida que es alma de asesinato. Sin embargo, esta forma de muerte por mortificación y el alma del asesinato, no están en el mismo

---

[125] *Ibíd.*, p. 196, nota 7 del capítulo IV, p. 125.
[126] *Ibíd.*, p. 120.

plan: la muerte, vivida por identificación con aquel de los suyos matado por el enemigo, luego experimentada físicamente gracias al ayuno, al retiro, etc., se sitúa en lo que elegiremos llamar lo «real» (y que, por el contrario, para los Shuar no es sino ilusión). El alma de asesinato, en cambio, esta alma que para el Shuar es su «verdadera» vida, se encuentra en lo que nosotros llamamos el mundo «imaginario».

El alma de asesinato no es solamente una conciencia de asesinato; ella comunica al joven guerrero un sentimiento, una potencia afectiva: imprime *carácter* al hombre shuar.

> Desde que se adquiere esta alma *arutam*, se siente en el interior del cuerpo un súbito incremento de potencia, que se acompaña de una nueva confianza en sí mismo. De esta alma *arutam* se supone que acrecienta el poder de una persona, en el sentido más general de la palabra. Esta potencia, llamada *kakarma*, aumenta la inteligencia así como la fuerza física; pero también hace difícil cualquier mentira o acto deshonroso…[127].

Esta potencia afectiva desborda la vocación de asesinato, propiamente dicha, ya que interesa a toda la existencia, atañe al comportamiento ético, a la vida social. El *kakarma* será el término requerido para definir esta *potencia de ser* del guerrero, su fuerza de carácter, pero también la potencia ética, el sentimiento de ser humano, la afectividad fundamental de sí mismo. La noción de *arutam wakanï* puede reservarse, desde ahora, a lo que pertenece más propiamente al orden del nombre y de la objetivación, es decir, de la representación. El alma de asesinato debe dejar una parte importante de nuestra noción occidental de alma al *kakarma*, para convertirse más precisamente en la *idea* de asesinato, o en la de *conciencia* de asesinato en un imaginario guerrero; una conciencia que exige

---

[127] *Ibíd.*, p. 123.

inmediatamente pasar al acto, de materializarse. Harner dice, en efecto:

> Cuando un hombre se encuentra así en posesión de un alma *arutam*, generalmente se apodera de él un furioso deseo de matar y, en poco tiempo, se unirá a una expedición asesina[128].

Los Shuar le han precisado que ese deseo de asesinato ¡es más intenso que la misma hambre! La conciencia de asesinato, que provoca la muerte, es análoga a la conciencia que provoca el hambre[129]. El alma de venganza podría quizás tener un origen biológico. Al principio, sería un dato primitivo, una conciencia elemental e incluso instintiva. Así, pues, la conjunción de contradicción liga la muerte al instinto de vida. Sin embargo, esta hambre de asesinato no pasa directamente al acto. El joven shuar que adquiere un alma de asesinato debe, en efecto, unirse a una expedición de homicidio, en la que resultará que el hambre de asesinato responde a una obligación distinta a la del instinto de vida.

La contradicción de la vida real y de la muerte imaginaria: la obligación de asesinato

Los Shuar obedecen al desarrollo dialéctico de una conjunción de contradicción entre su mundo imaginario y sus actos reales. Les parece tan imperioso matar, desde que están habitados por un alma de asesinato, que una vez tomada la

---

[128] *Ibíd.*, p. 123.
[129] *Ibíd.*, p. 138.

decisión y si el enemigo no ha sido alcanzado, matan a otro antes de volver a casa.

Puede ocurrir que el ataque a la casa de la víctima fracase; cuando esto sucede, la expedición debe, enseguida, designar a una nueva víctima y perseguirla, antes de regresar a casa. Si los hombres no encontrasen a quién matar, no tendrían derecho a obtener nuevas almas *arutam* y, sin éstas, podrían morir en el espacio de algunas semanas o, en el mejor de los casos, algunos meses... Por consiguiente, se trata, para ellos, de un asunto de vida o muerte; he aquí, sin embargo, que, invariablemente, la expedición encuentra una víctima o, al menos, un extranjero de paso para asesinarlo[130].

La conciencia de la vida-asesinato, el alma *arutam*, da lugar a un asesinato real, y esta conciencia de la vida que se actúa en el asesinato, que se convierte así en lo *real* en nuestras categorías, desaparece para dejar paso a su contrario, la conciencia de perder la vida, de *morir*. Lo real (en adelante, por tanto, el asesinato) se asocia inmediatamente, en lo imaginario, a una *conciencia de morir*. En consecuencia, a la *conjunción de contradicción* entre la muerte real y la conciencia de asesinato, le sigue una *conjunción inversa de contradicción* entre el asesinato real y la *conciencia de morir*. A partir de ese momento, el Shuar deberá sufrir una nueva muerte (por su propia mortificación) para reconquistar un alma *arutam*. Pero no es posible adquirir un alma nueva, o un alma más poderosa, si la precedente no se ha cumplido en un asesinato. Es necesario, primero, consumir aquella de la que se dispone en el acto de un asesinato. Importa poco, por tanto, que el primer asesino sea él mismo víctima de la venganza o que un inocente tome su lugar (es incluso raro que sea el asesino él que sufre la venganza); basta

---

[130] *Ibíd.*, p. 124.

que un asesinato responda a un asesinato[131]. Ahora bien, si incluso un extranjero puede servir de víctima, esto entonces es una señal de que el asesinato está impuesto por una necesidad totalmente diferente a la de la sanción de una ofensa. La importancia de la estructura de reciprocidad es tal, que la venganza misma le está subordinada. Así, pues, el ciclo de reciprocidad de asesinatos no está sometido a la venganza sino que, por el contrario, la venganza está sometida al ciclo de la reciprocidad. El sistema de venganza no responde, pues, a una reacción biológica; responde, más bien, a la necesidad de reciprocidad, de la que pronto se descubrirá su racionalidad en el *kakarma*.

La obligación de volver a morir y el ciclo de la reciprocidad

Esta *conciencia de muerte*[132], que invade el ser del asesino, como antes lo invadió la *conciencia de asesinato*, exige a su vez que esta conciencia pase al acto; exige ser realizada de manera concreta.

La muerte de uno de los miembros de la comunidad, o de un pariente cercano al guerrero, bajo el golpe de una venganza del enemigo, permite al guerrero *sufrir* esta muerte por asesinato, sin ser, sin embargo, él mismo la víctima. Él se identifica, en efecto, con la víctima y prolonga esta muerte, por el retiro a la soledad del bosque y por la mortificación, para obtener una nueva alma de asesinato. Entonces, la conciencia de muerte se borra, a medida que pasa al acto; a medida que se convierte en muerte concreta. Y entonces, esta muerte real

---

[131] *Ibíd.*, p. 124.

[132] Los Shuar no tienen palabra para decir el sentimiento de muerte, que llamaremos entonces: *conciencia de muerte*.

suscita una nueva conciencia de asesinato: una nueva alma *arutam*. El ciclo recomienza.

Cuando el asesinato se cumple, se vuelve a casa, y, entonces, cada uno puede tratar de encontrar un nuevo *arutam* para proveerse de una nueva alma[133].

Ahora bien, para tener un alma, es preciso adquirir un alma de asesinato que vague por el bosque, es decir, el alma de un pariente o de un aliado matado por el enemigo. La sola experiencia de la muerte no le permitiría al guerrero adquirir un alma de asesinato. No basta morir para vivir. Es necesaria la intervención de un enemigo que libere las almas que el guerrero podrá adquirir. Sin la reciprocidad de asesinato, el bosque quedaría vacío de almas. Así, pues, el Otro está implicado en la génesis de uno mismo y cada uno juega, para el otro, un papel simétrico.

Esta necesidad de sufrir la muerte, por la mano del otro, aparece en una Relación de Pedro García Hierro[134], asesor jurídico del Consejo Étnico de los Aguaruna y Huambisa. Pedro García se encontraba, en 1974, entre dos comunidades aguaruna en el río Cenepa, afluente del Marañón (Perú), cuando los guerreros de una comunidad río arriba, vinieron a matar, ante sus ojos, en una pequeña comunidad río abajo. Sorprendieron y mataron a tres guerreros. Esta comunidad, duramente golpeada, no pudo reaccionar. Los asaltantes volvieron algunos días después, no para volver a matar, sino porque estaban inquietos por el hecho de que sus enemigos no se hubiesen vengado. En efecto, al matar habían perdido su *alma de asesinato* y estaban indignados por no poder reconquistar otra alma. Exigían que sus víctimas se vengaran.

---

[133] Harner, *op. cit.*, p. 124.
[134] Comunicación personal.

109

Como éstas no respondían, volvieron todos los días para exhortarlas a cumplir su deber, añadiendo incluso injurias y amenazas; esta escena se podía oír y ver claramente, puesto que apostrofaban a sus víctimas desde sus embarcaciones en el río. Al cabo de una semana, mientras los agresores reiteraban sus arengas, los guerreros de la comunidad insultada ganaron el poblado de sus asaltantes, por senderos del bosque, y mataron a una niña y a una mujer vieja. Inmediatamente, los primeros agresores pudieron adquirir el alma de asesinato que esperaban y, gracias a ella, matar de nuevo. Mataron a tres personas, dos de ellas guerreros. Al volver donde ellos, encontraron un alma de asesinato en la cohorte de almas liberadas precedentemente por sus adversarios. El silencio volvió al río, ya que todos los sobrevivientes se habían vuelto invulnerables. Todos habían adquirido por lo menos un alma de asesinato. Pedro García nos participó su asombro: ¿por qué los asaltantes estaban en la imposibilidad de matar de nuevo, mientras sus víctimas no se hubieran vengado? Pero he aquí que para los Shuar, sufrir un asesinato es un paso previo a un nuevo asesinato, hasta el punto de provocar su demanda.

Originalmente, los asaltantes poseían un alma de asesinato que exigía materializarse por un asesinato en otra comunidad. Esta comunidad es postulada como desprovista de alma de asesinato. Sin duda, ella no ha participado en ninguna incursión, desde hace tiempo, y se puede presumir que sus almas decidieron irse al bosque para llevar su propia vida de asesinato. Esta comunidad ha sido designada para sufrir el asalto de asesinos, pero importa poco quiénes serán las víctimas, si viejos guerreros o gente joven. A su vez, los guerreros de la comunidad atacada tampoco elegirán a sus víctimas. En efecto, no se persigue por odio a los asesinos; al contrario, se satisfacen por realizar el asesinato que ellos demandan. La reciprocidad de homicidio basta para liberar suficientes almas de asesinato como para reemplazar todas aquellas que los guerreros han perdido en la primera incursión, y que perderán en la segunda. Aquí no se encuentra

contabilidad de almas ni contabilidad de asesinatos. No hay
ningún intercambio de víctimas o de asesinatos. Lo que se
exige es la reciprocidad de los actos, y poco importa el número
o la calidad de las víctimas, incluso si se trata de mujeres[135].
Pedro García, además, tenía el sentimiento de que los
asaltantes, una vez a la defensiva, habían simplemente
sacrificado a una de sus mujeres, entre las mayores, y que las
otras habían sido puestas a salvo. Tenía la sensación de que la
persona que fue matada por venganza había sido ofrecida al
enemigo, ya que nadie más estaba en el poblado en el
momento del asalto.

La reversibilidad de roles, la reciprocidad, permite
redoblar la conciencia de asesino, de cada uno, con una
conciencia de víctima. El propósito principal, de estos
guerreros, parece que es equilibrar un acto con otro acto,
cualesquiera sean sus consecuencias objetivas. *Lo único
indispensable es la reciprocidad*. Es imperativamente necesario que
el enemigo mate al menos una vez. Es importante que el otro
se haya reconocido como «enemigo», que se haya manifestado
como tal, que haya aceptado crear el «ser» del hombre, del
Shuar[136]. El asesinato es algo debido. La reciprocidad detenta
el secreto del alma de asesinato ella misma. De este modo,
aparece entonces como una estructura previa que obliga a
morir, a matar y a aceptar de nuevo la muerte, incluso: a
exigirla al otro[137].

---

[135] «(...) los miembros de la expedición punitiva pueden matar a la mujer o
al niño de la víctima designada si no encuentran a esta en su domicilio».
Harner, *op. cit.*, p. 151.

[136] Shuar, como la mayoría de los nombres de pueblos originarios, significa
«Hombre».

[137] El asesinato perpetrado por los enemigos libera las almas de asesinato
de un clan y la venganza de éste libera las almas de asesinato del enemigo.
Las almas de asesinato de un clan son, pues, incomunicables al otro clan
porque la reciprocidad parte al ser shuar en dos mitades de almas de
asesinato. *La identidad de un clan es ella misma engendrada por la reciprocidad.*

Se podría inclusive preguntar si, a partir de tal acuerdo de reciprocidad, no podría desprenderse una cierta gratitud de las víctimas para con sus asaltantes, que explicaría el hecho de que, después de todo, anudan alianzas entre ellos incluso alianzas matrimoniales. Se observa, en efecto, que la traición de los aliados es compensada por la alianza con los enemigos.

2 - El Ser shuar: el *kakarma*

El *kakarma*

El alma *arutam* significa no sólo la visión del asesinato, como imagen de vida, sino «*potencia de ser*». Esta potencia, de naturaleza afectiva, se llama *kakarma*[138]. Los Shuar emplean indiferentemente *kakaram* y *kakarma* para expresar la potencia del guerrero o el nombre del propio guerrero. El sentido de la frase permite comprender si se trata de un guerrero o de su potencia de ser. Harner elige, para facilitar las cosas, *kakarma* para mentar la potencia de ser y *kakaram* para referirse al guerrero[139].

Harner compara el *kakarma* con el *mana* polinesio[140]. Señala, asimismo, que el *kakarma* se acrecienta con la sucesión de almas de asesinato en el curso de los ciclos de venganza, mientras que las almas de asesinato se borran las unas a las otras. Sin embargo, los Shuar dicen que hacen falta dos almas para tener la sensación de ser no sólo invulnerable sino inmortal. Y el *kakarma* es esta fuerza que les comunica el

---

[138] Harner, *op. cit.*, p. 123.
[139] *Ibíd.*, cap. 3, p. 100, nota 3 p. 196.
[140] *Ibíd.*, p. 134.

sentimiento de estar fuera del tiempo, fuera de la vida inmediata.

¿Por qué, entonces, son necesarias dos almas de asesinato para que el *kakaram* adquiera ese sentimiento de eternidad? Y ¿cómo un Shuar puede adquirir dos almas de asesinato, si la primera exige su inmediato pasaje al acto y desaparece con la realización del asesinato?

Los Shuar precisan que el alma nueva viene a impedir que el *kakarma* se disipe; viene a impedir que la vieja alma desaparezca completamente.

> Si bien cada uno de ellos [de los asesinos] acaba de perder un alma *arutam*, la potencia de esta alma permanece en su cuerpo y fluye muy lentamente; se cree que se necesitan alrededor de quince días para que este poder desaparezca completamente[141].

Un guerrero que, antes de este plazo, captura una segunda alma de asesinato, «encierra», según la expresión de Harner, la potencia de la primera alma. Retiene no sólo su fuerza, sino que impide que desaparezca. En la Relación de Pedro García, los asaltantes que han perdido su alma de asesinato en el curso del ataque, exigen la reciprocidad de sus víctimas, y apenas ésta es obtenida, disponen de las almas de asesinato esperadas. Las han recibido suficientemente rápido para impedir que la potencia de su primer alma se pierda totalmente. De alguna forma, vuelven a atrapar su primer alma de asesinato. Desde ese momento, están protegidos por dos almas; tienen el sentimiento de ser *kakaram*: guerreros cumplidos: ser Shuar.

Sus víctimas, supuestamente presumidas sin almas de asesinato, por tanto: vulnerables, reciben una primer alma, sufriendo el primer asesinato. Gracias a esta alma, pueden

---

141 *Ibíd.*, p. 124.

113

vengarse. Luego, sufriendo un segundo asesinato, obtienen una segunda alma de asesinato que encierra el poder de la primera. Por tanto, los guerreros de ambos campos están protegidos por dos almas de asesinato. Se han convertido en *Kakaram*, guerreros poderosos e invulnerables. De este modo, cesan los asaltos y los asesinatos. Cuando todos se han convertido en invencibles, la paz está asegurada por algún tiempo. La reciprocidad de asesinato no conduce a un aniquilamiento total, sino, por lo menos en este caso, a un equilibrio social. Se puede decir, pues, que es la reciprocidad de los asesinatos la que engendra el *kakarma*. Si la reciprocidad desapareciese, también desaparecería el *kakarma*. Esa es, sin duda, la razón por la que los Shuar dan cuenta del ciclo, por la sucesión de dos almas *arutam*.

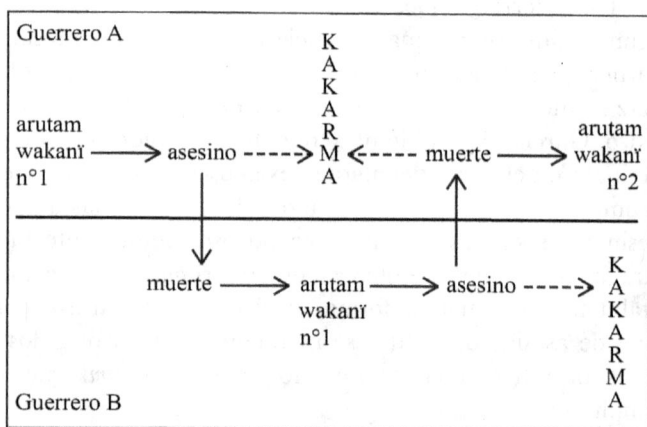

Se necesitan dos *arutam wakanï* para indicar la necesidad de la reciprocidad de la que depende el *kakarma*.

La reciprocidad de asesinato permite al guerrero shuar redoblar la secuencia lineal: *conciencia de asesinato–conciencia de muerte* o *conciencia de muerte–conciencia de asesinato*, con otra secuencia similar, antes de que el segundo término de la primera secuencia haya desaparecido de su mundo imaginario, de donde proviene, justamente, el encabalgamiento de las dos secuencias antagónicas.

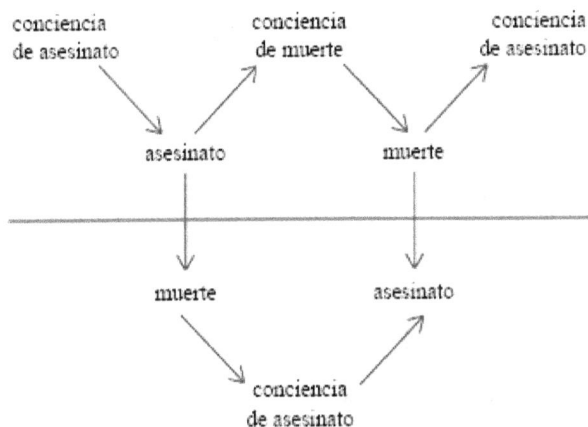

conciencia   conciencia   conciencia
de asesinato   de muerte   de asesinato

        asesinato   muerte

        muerte   asesinato

              conciencia
              de asesinato

La reciprocidad de asesinato conduce a la coexistencia de una *conciencia de asesinato* y de una *conciencia de muerte*

La superposición y la confrontación de conciencias antagónicas dan nacimiento a una conciencia de conciencia. Es eso lo que nos parece bien expresado por el término «encerrar», empleado por Harner, para indicar cómo, en el espíritu de los Shuar, la segunda alma de asesinato llega a impedir la desaparición de la primera, es decir, cómo la conciencia de vida-asesinato llega a impedir que se borre la conciencia de muerte (la conciencia de muerte está, en efecto, inscrita en la desaparición de la primer alma de asesinato).

En la escena relatada por Pedro García en los Aguaruna, no sería necesario que los asaltantes matasen una segunda vez. La venganza de sus víctimas hubiera bastado para asegurarles una segunda alma de asesinato y convertirse, a su vez, en *kakaram*. Todo ocurre como si los asaltantes hubieran querido probar la eficacia de sus almas, mediante homicidios reales, pero también como si el asesinato fuera debido a ese mismo a quien se lo demanda.

De ahora en adelante, nos dice Harner[142], el guerrero Shuar, que posee dos almas de asesinato, tiene la sensación no sólo de ser invencible, sino inmortal, fuera del tiempo, fuera del alcance de la vida y de la muerte, como suspendido entre la una y la otra. Él es la sede de una afectividad muy particular que es plenitud de Sí, libertad soberana, quizá: el goce puro del ser... Si las conciencias de vida y de muerte participan de un mundo imaginario, unido por contradicción a actos reales antagónicos, el *kakarma*, a su vez, es el irreprimible sentimiento de ser.

Sin embargo, la dialéctica de la vida-asesinato y de la muerte-por-asesinato es la condición *sine qua non*, la matriz necesaria para la génesis del *kakarma*. Sin esta dialéctica, ni sombra de aquella. Ella es el cuerpo del ser y se hace imperioso mantener ese cuerpo e, incluso, acrecentarlo para aumentar el

---

[142] *Ibíd.*, p. 120.

116

goce del ser. Harner describió remarcablemente este crecimiento del *kakarma*:

> La adquisición de una nueva alma *arutam* no sólo sirve para aportar una nueva fuerza (*kakarma*), sino también para "encerrar" la fuerza de la anterior y, por tanto, impedirle fluir. No se pueden poseer más de dos almas *arutam* a la vez, pero la posibilidad que da un alma de retener la fuerza de la otra, permite acumular la potencia de un número ilimitado de almas que se han podido conseguir precedentemente. En otros términos, la posesión de almas es consecutiva; la posesión de la potencia es acumulativa.
>
> Los asesinatos sucesivos hacen posible una acumulación continua de potencias que se opera reemplazando una vieja alma *arutam* por una nueva. Ese mecanismo de renovación es tanto más importante cuanto que, si una persona conserva la misma alma *arutam* durante cuatro o cinco años, pues ésta tiende a dejar a su poseedor por la noche para errar por el bosque; y, tarde o temprano, flotando así entre los árboles, será capturada por otro Jíbaro[143].

Interpretamos, pues, el *kakarma* como un sentimiento que resulta de la confrontación de conciencias antagónicas: la *conciencia de muerte* y la *conciencia de vida-asesinato*, cuando estas dos conciencias pueden estar suficientemente cercanas, la una de la otra, como para confundirse. La confrontación de las dos conciencias antagónicas se hace posible gracias a la reciprocidad.

---

[143] *Ibíd.*, p. 125.

La dialéctica de la venganza

Los Shuar no razonan con las conciencias de vida por asesinato y de muerte por asesinato que invaden su mundo imaginario. No nombran su conciencia de muerte como tal; no tienen para ella una palabra simétrica como el alma *arutam* para el alma de asesinato. Una sola expresión da cuenta de las dos conciencias antagónicas del ciclo. Sin embargo, Harner llama a aquella que ha abierto el ciclo: la «vieja» alma *arutam*; a la otra, que recomienza el ciclo: la «nueva» alma *arutam*[144]. Las dos almas *arutam* no tienen entonces el mismo valor. La vejez designa, sin duda, la conciencia de muerte.

Mas ¿por qué la conciencia de vida-asesinato es elegida para representar el ciclo y no la conciencia de muerte? Arriesgaremos la siguiente hipótesis: en el origen, el ser humano está dominado por su conciencia biológica de predador. Esta conciencia biológica es una *conciencia elemental* que, según la conjunción que constatamos con lo real, es una «conciencia de muerte». Las dos conciencias elementales antagónicas, «conciencia de vida» y «conciencia de muerte», se suceden, pero no se reencuentran o no se superponen. Para provocar una interacción simultánea entre estas conciencias antagónicas, hay que reforzar la conciencia de vida, es decir, intensificar el acto que le es ligado: el acto de morir[145]. A partir de entonces, la conciencia de vida es la que aparece como causa de la «conciencia de conciencia» y que parece aportar con ella el *kakarma*. El *kakarma* mismo no parece, pues, poder

---

[144] *Ibíd.*, p. 125.

[145] Del mismo modo, en la reciprocidad positiva, es contrario a la ley de la naturaleza el dar en vez de tomar. Actualizar una fuerza antagónica a la del interés, es también, quizás, la condición para que un sentimiento contradictorio pueda parecer, que da su sentido al acto de dar como al de recibir.

disociarse del alma de asesinato. Y si las almas de asesinatos se borran una tras otra, dejan, sin embargo, su fuerza, su *kakarma*, a la última de ellas. En efecto, el Shuar asocia su ser a su conciencia de vida-asesinato, su *kakarma* a su alma *arutam*.

Y ya que la conciencia de asesinato simboliza el *kakarma* en su no-contradicción formal, ella es superior a la conciencia de muerte. Esta supremacía relanza la alternancia de asesinatos. El guerrero reproducirá, en la medida de lo posible, el ciclo de reciprocidad en beneficio del crecimiento de la conciencia de asesinato. Es por ello que el *kakarma* no aparece como el resultado de un equilibrio de muertes y asesinatos con el enemigo, sino como una potencia que se acrecienta por la sucesión de las conciencias de asesinato. La última alma de asesinato será la expresión consciente de toda la potencia de ser precedentemente engendrada por cada nuevo ciclo de reciprocidad. El equilibrio de la reciprocidad se transforma en dialéctica polarizada por la conciencia de vida-asesinato.

Del *kakarma* al *mana*

La distinción entre alma de asesinato, *arutam wakanï*, y potencia de ser, *kakarma*, permite aclarar uno de los misterios del *mana*.

En el sistema de dones, no se trata sólo de dar sino, más fundamentalmente, de volver a dar o dar de manera recíproca. Esta reciprocidad supone una obligación para cada asociado; obligación que se impone sin que su interés inmediato pueda ser la causa de ella. Si se transpone, a la reciprocidad positiva, la tesis propuesta aquí para dar cuenta del *kakarma* o de las dos almas *arutam*, se dirá que el donante debe convertirse en donatario y el donatario en donante para que la conciencia de cada uno se redoble y, luego, se relativice con aquella del otro[146]. La reciprocidad es la mediadora por la cual dos conciencias elementales antagónicas se oponen, se encuentran la una con la otra y se neutralizan mutuamente, ya que son contradictorias entre ellas, para dar nacimiento a una conciencia de conciencia. En la interioridad de su antagonismo, ellas engendran un estado intermedio, gracias al cual se iluminan y se dan sentido mutuamente. Desde entonces, *dar* está ligado a la conciencia de *adquirir* prestigio, y *recibir* a la conciencia de *perder* la cara. Cuando, ni la una ni la otra de las dos conciencias antagónicas domina a la otra, su iluminación recíproca cede lugar a la revelación de lo que es el ser mismo de la *conciencia de conciencia*. Es en el corazón de este equilibrio que nace, en nuestra opinión, el sentimiento de *mana* y de *kakarma*.

---

[146] Daremos el nombre de *conciencia elemental* a las conciencias inmediatas, como puede serlo, para la víctima, la conciencia de venganza. En su equilibrio, estas dos conciencias se anulan recíprocamente para engendrar una *conciencia de conciencia*. Pero entre la conciencia elemental, propiamente dicha, del todo poderosa cuando domina la vida biológica, y el estado de equilibrio realizado entre esta conciencia y su conciencia antagónica, hay que situar etapas intermedias en las que una de las dos conciencias antagónicas puede dominar a la otra. Una parte de su energía es expresada por su antagonismo y se traduce por esta fuerza de alma, que los Shuar llaman *kakarma*, y una parte se traduce por la conciencia dominante, que los Shuar llaman: *arutam wakanï*. El *kakarma*, entonces, es la fuerza de alma del *arutam wakanï*.

Experiencia de la muerte	Asesinato de venganza	Nueva experiencia de la muerte	Conciencia de conciencia o Conciencia de ser	Asesinato de venganza
Adquisición del *arutam wakanï*	Perdida del *arutam*	Nueva *arutam wakanï*	*kakarma*	Perdida del *arutam*
Conciencia de la venganza	Conciencia de la muerte del *arutam wakanï*	Nueva Conciencia de venganza	Conciencia de ser	Conciencia de la muerte del *arutam wakanï*
Dar	Recibir	Devolver	Ser	Dar
Conciencia de prestigio	Conciencia de desgracia	Nueva Conciencia de prestigio	Conciencia de ser	Conciencia de prestigio

Equivalencias de las nociones shuar y occidentales

El corazón de la conciencia de conciencia, el sentimiento que los Shuar llaman, en la reciprocidad de venganza, el *kakarma*, encuentra como equivalente, en la reciprocidad positiva, el *mana*[147]. El *mana* nace, como el *kakarma*, de la reciprocidad de asesinato, pero también de la reciprocidad de dones. E, igual que el alma de asesinato, es la conciencia que domina el ciclo de la reciprocidad negativa, la conciencia de ser prestigioso se hace dominante en el ciclo de dar y recibir. De este modo, el *mana* se acumula en beneficio del donante; se conecta a la conciencia de prestigio de aquél que ha tomado la iniciativa del ciclo del don. Está contenido por el polo de la contradicción dialéctica (dar-recibir) que asegura la dinámica: donar. Por tanto, no es fácil disociar el *mana* de la conciencia del donante mismo. La conciencia de donante y el sentimiento de ser, nacido de la reciprocidad, hacen causa común. Es, sin duda, por ello que Mauss no pudo aislar el término *mana*, como Tercero, de la conciencia del donante. Concluyó sosteniendo que el *mana* era la potencia propia del donante, que era su nombre, su prestigio. No pudo descubrir que la estructura de reciprocidad confiere al *mana* cierta autonomía en relación con la conciencia individual.

Por el contrario, la reciprocidad negativa permite distinguir la potencia de ser de la conciencia propiamente dicha. El que *sufre* la muerte, en efecto, es el que adquiere el alma de asesinato; en tanto que el que mata, la pierde. Pero, es el asesino el que tiene la iniciativa del ciclo, el que detenta el polo dominante de la dialéctica de asesinato y que reivindica la potencia de ser para su beneficio. Y como gana la potencia de ser, con la condición de perder su alma de asesinato, la potencia de ser puede ser percibida como distinta del alma de asesinato.

---

[147] En las sociedades polinesias, el *mana* nace tanto de la reciprocidad negativa como de la reciprocidad positiva. En el capítulo anterior (*Maussiana*) lo hemos considerado a partir de la reciprocidad de los dones.

Esta distinción revela que la potencia de ser, pese a estar contenida en las conciencias individuales, es distinta de esas mismas conciencias. Ella, en efecto, es fruto de la relación de reciprocidad y no del acto que esta reciprocidad pone en juego, ya sea el asesinato o el don, la vida o la muerte.

La Palabra

Conocemos la eficiencia del alma *arutam*: el asesinato. ¿Cuál es entonces la eficiencia del *kakarma*? Se sabe que confiere al Shuar su fuerza de carácter. Pero, ¿qué significa esta fuerza de carácter? Los Shuar reconocen el *kakarma*, particularmente en los jóvenes que han adquirido una primer alma de asesinato, por el hecho de que hablan con autoridad y con voz alta:

> La mayor parte de sus parientes y conocidos se dan cuenta rápidamente de que el joven tiene un alma *arutam*, con sólo ver el cambio en su personalidad. Por ejemplo, comienza a hablar con más autoridad[148].

En una nota, Harner precisa:

> Las personas que han visto un *arutam* se distinguen fácilmente por este solo rasgo[149].

Así, pues, el *Kakaram* es el hombre de voz potente, resonante, de la palabra más tenaz y determinada. La eficiencia del *kakarma* es, primero, la palabra.

---

[148] Harner, *op. cit.*, p. 123.
[149] *Ibíd.*, p. 123, nota 5 p. 196.

Hemos presentado el *kakarma* como el corazón de la conciencia de conciencia. Las conciencias de muerte o de asesinato están particularmente separadas de la realidad inmediata, por ese poder de nombrarlas que es la eficiencia del *kakarma*. El guerrero es desde el principio chamán. Ya que, desde entonces, la palabra es la condición de la acción; el motor del ciclo es la potencia de ser, el *kakarma*.

Proclamarse guerrero, es responder a la obligación irresistible e irrevocable del asesinato; es tomar la iniciativa de realizar el acto, que está en potencia, en el alma de asesinato. La proclamación de su pasaje al acto constituye, para esta conciencia de asesinato, un punto sin retorno. La palabra, la «proclamación», hace irreversible su desaparición[150]. Esta eficiencia de la palabra es tal que los jóvenes guerreros callan a sus prójimos la visión, la *arutam* que han visto, ya que proferirla bastaría para que ella los dejara[151]. Decirse «ser humano», es decirse asesino, condenarse a ser asesino, ya que se debe cumplir la reciprocidad.

La palabra queda aquí ligada a la reproducción de actos fundadores de la reciprocidad. No llega a recrear la reciprocidad fuera de sus condiciones de origen, es decir, a recrearla libremente. No se libra de sus condiciones. El mundo imaginario está todavía engastado en la realidad. Como quiera que esto fuese, en cualquier caso la palabra da testimonio de que la potencia de ser, nacida de la reciprocidad, el *kakarma*, tiene de ahora en adelante la ventaja sobre la naturaleza. La palabra permite al mundo imaginario desprenderse de sus anclajes biológicos. Y bien, no hay mundo imaginario sino por la reciprocidad; por tanto, pues, la reciprocidad es la que introduce la primera escisión entre la naturaleza y la cultura.

---

[150] *Ibíd.*, p. 124, ver también p. 126, nota 8.
[151] *Ibíd.*, p. 123.

Harner cuenta cómo, en ocasión de una expedición de venganza, los guerreros se reúnen y proclaman la visión de su alma:

> Los más jóvenes forman un círculo alrededor de los matadores curtidos que piden entonces, a cada uno, describir el *arutam* que ha visto. A medida que cada uno, joven o viejo, cuenta lo suyo, su alma *arutam* lo deja para siempre, para errar en el bosque bajo la forma de una brisa, ya que el alma *arutam* "se contenta con un asesinato"[152].

No se podría expresar mejor, a la vez, el primado del *ser-hablante* sobre la naturaleza y el tributo que le debe. La conjunción de contradicción, entre la vida que mata (el asesinato real) y la conciencia de morir, aparece mucho antes de estar inscrita en la realidad biológica; aparece en el momento en que la decisión de asesinato ha sido proclamada. La eficiencia es arrancada a la naturaleza; es conferida al *kakarma*. Las cosas se invierten: no es más la naturaleza la que autoriza la reciprocidad, es el *kakarma*, nacido de la reciprocidad, el que ordena la naturaleza a su ley. Nos las habemos, pues, con un acontecimiento de humanidad. La proclamación, en efecto, es pública; es incluso un clamor que resuena de comunidad en comunidad. La selva amazónica no es una inmensidad silenciosa, sino para el occidental. Para el Shuar, toda ella está habitada por la palabra.

Imagínese el tumultuoso Marañón. Un Awajun desciende en piragua por el río. Su voz, dirigida a chozas escondidas en la selva a lo largo del río, resuena por doquier. Anuncia a todos que va a matar en la comunidad de los raptores de su hija. Pasa lentamente a sólo algunos metros de las casas de sus numerosos enemigos. Pero nadie se mueve, nadie dispara,

---

[152] *Ibíd.*, p. 124.

todos escuchan. Todos deben entender esta proclamación de la venganza. Se dice del hombre que es invulnerable. Los Shuar traducen esta invulnerabilidad como la posesión de un alma de venganza; pero ella significa, primero, el reconocimiento, de parte de todos, de la palabra que hace ley.

El clamor, es cierto, puede ser sordo, un rumor y llenar, sin embargo, todo el espacio, relegando a la insignificancia los ruidos de la vida. Los hombres que preparan el asesinato se encuentran. El asesino explica su proyecto. Reafirma su decisión y sus razones. Las objeciones son pacientemente enunciadas y refutadas; el acuerdo crece. De choza en choza, se trama el complot. Cuando todos los Shuar han elegido su campo, aliado o enemigo, cada uno espera el asalto y el asesinato; pero el complot es conocido por casi todos. El asesinato está precedido por el asentimiento del mayor número posible. Entonces el espacio de los Shuar vibra por todas partes con su inmanencia, que es la de una palabra, de la que todo es eco, incluso el silencio.

Los «espíritus»

Hemos insistido en la necesidad del *otro*, para autorizar la confrontación de dos conciencias antagónicas, y sugerido que, del encuentro de esas conciencias contradictorias, nace el sentimiento del ser mismo de toda conciencia: el *kakarma*.

Para los Shuar, sólo el ser del hombre, su potencia de guerrero: su *kakarma*, es inalienable, es lo más real que quepa imaginar. A tal punto, que no distinguen el *kakarma*, del guerrero mismo, y llaman con el mismo nombre al uno y al otro. Sostienen, en efecto, que las almas de asesinato se transforman en *kakarma* en el curso de su sucesión. Desaparecen las unas tras las otras; la segunda toma el lugar de la primera, la tercera la de la segunda, como si las

126

conciencias respectivas de la vida y la muerte por asesinato se metamorfosearan en potencia de ser, bajo la cubierta de la última alma de asesinato. Mas, para los Shuar, esta metamorfosis es reversible. En ocasión de la muerte de un guerrero, su *kakarma* se transforma en tantas almas de asesinato como las que se produjeron en el curso de su existencia para engendrarlo[153]. Así, pues, se puede afirmar, que es el *kakarma* el que da sentido a las visiones de asesinato y las transforma en almas de asesinato: en *arutam wakanï*. No son, pues, tanto las visiones de asesinato, las que le dan al hombre una potencia espiritual, cuanto esta potencia de ser, de la que las almas de asesinato no son sino momentos dialécticos, la que da sentido a las visiones de asesinato.

Las almas de asesinato, liberadas a la muerte del guerrero, pueden ser reutilizadas por otros guerreros para construir su propia potencia de ser. La parentela del guerrero difunto guarda, en efecto, la memoria de asesinatos sufridos y de las venganzas que motivaron. Las conciencias de asesinato pertenecen al sistema de reciprocidad; son adquiridas por la sociedad shuar. No vuelven a la nada. Devueltas a la memoria, se convierten en lo que Harner llama los «*espíritus*». El término expresa muy bien el carácter principal de esas almas: ser nombres, títulos, cuyo valor es social o colectivo y no solamente individual, contados en ciclos de reciprocidad en los que los hombres no juegan sino un papel efímero. Distintas de la vida biológica, estas almas de asesinato pertenecen desde ahora a lo sobrenatural.

---

[153] *Ibíd.*, p. 126-127.

La reciprocidad de asesinato

Habíamos observado que el alma *arutam*, como conciencia de vida-asesinato, nace con la prueba de la muerte, mientras que su conciencia antagonista –la desaparición de esta alma o la conciencia de morir– nace con el pasaje al acto de esta conciencia de asesinato. Hay contradicción entre el mundo imaginario y el mundo real (vida, en el imaginario y muerte, en el real). Hemos propuesto hacer aparecer el *kakarma* de la sinergia de dos conciencias contradictorias, razón por la cual él mismo no sería definible como una simple conciencia sino, más bien, como una conciencia de conciencia, que se convertiría, en el equilibrio contradictorio perfecto: en una afectividad original, un sentimiento de ser. El equilibrio de estas dos conciencias contradictorias, de morir y de matar, requiere simetría, igualdad y simultaneidad. Esta simultaneidad plantea de todas formas un problema, ya que el asesino mata en un momento diferente de aquel en el que su comunidad sufre la venganza enemiga. Sin embargo, si las bandas enemigas se enfrentasen cara a cara, la simetría no se instauraría en la duración y, por tanto, la reciprocidad sería una reciprocidad instantánea. La conciencia de conciencia, que podría resultar de ello, se reduciría entonces a una brevísima iluminación. Por consiguiente, la simetría debe incorporar la duración. Esta necesidad conduce a una alternancia de asesinatos, es decir, a una periodicidad. Así se observará que, según los Shuar, los asesinatos deben proseguirse de manera que una nueva alma de asesinato pueda «sellar» la precedente *antes* de que su potencia se haya disipado. Ellos precisan que esta periodicidad debe ser muy rápida. La potencia de la primera alma desaparece completamente en una quincena de días y, si se quiere conservar esta potencia, es necesario que el ciclo se realice en un tiempo aún más corto. ¡Se comprende, pues, la impaciencia de los Shuar cuando sus enemigos no se vengan, y sus exhortaciones obsesivas a que pasen al acto!

Lo ideal, pues, es que las conciencias antitéticas, de muerte y asesinato, puedan redoblarse con todas sus fuerzas, es decir, que los asesinatos sean alternados en el tiempo de la manera más próxima posible. Los Shuar parecen expresar esta exigencia, por lo que tendremos a bien calificar como «fuga-persecución». La comunidad atacada sabe que los enemigos están animados por almas de asesinato, por tanto que son invencibles, que son asesinatos programados y que, necesariamente, deben encontrar una víctima. Cierto, ya sabemos que su decisión de matar hace irreversible la pérdida de sus almas de asesinato, pero la potencia de éstas no refluye, sino lentamente, después de la decisión de asesinato. Para los asaltados no hay, pues, nada que hacer ante esta vida-asesinato en acto, sino fugar para no recibir uno mismo el golpe mortal.

Una vez que los asaltantes han alcanzado su objetivo, su alma de asesinato no sólo está irreversiblemente perdida, sino que su potencia está consumida en gran parte, de forma que ya tienen el sentimiento de morir. No pueden detener la hemorragia de su alma, si no adquieren rápidamente otra, pero para eso hay que sufrir una muerte. Esos guerreros se tornan entonces muy vulnerables. Inmediatamente, se baten en retirada y tanto más rápidamente cuanto que sus enemigos se hacen invencibles por la adquisición de almas de asesinato nuevas, las mismas que acaban de ser liberadas por sus agresores. En efecto, desde que han reconocido la pérdida de uno de los suyos, los asaltados viven esta muerte, adquieren un alma de venganza y se lanzan en su persecución, esperando alcanzar a alguno de sus asaltantes antes de que vuelva a su casa, donde, mortificándose, podría obtener otra alma de asesinato que lo haría invulnerable.

Cada uno trata, por tanto, no de destruir la comunidad adversa sino de realizar un ciclo de muerte y asesinato a manera de sellar una primera alma de asesinato por una segunda, y convertirse en un *kakaram*. El rito de la fuga-persecución asegura la alternancia rápida de asesinatos y de muertos, necesaria para que las conciencias respectivas de muerte y de asesinato puedan superponerse y dar nacimiento al *kakarma*: el sentimiento del ser de sus conciencias que, para los Shuar, es el *ser del hombre*.

La individuación del Tercero

Según el principio de reciprocidad, el *kakarma* brota de dos iniciativas: la del otro, del que se espera el asesinato para poder obtener un alma de asesinato, y la suya, que permite por la venganza obtener una conciencia de morir. El ciclo recomienza inmediatamente para que la coexistencia de las dos conciencias antagónicas, de muerte y vida por asesinatos, sea permanente y el *kakarma* sea perennizado. ¿Dónde se encuentra la fuente del *kakarma*? Hay dos guerreros frente a frente para producirlo. En esta reciprocidad simple, el *kakarma* nace tanto del acto de uno de los asesinos como del otro. Depende tanto de sí, como del enemigo. El *kakarma* que resulta de la reciprocidad de asesinato, es para cada uno idéntico, e incluso común.

Así, pues, el *kakarma* es, primero, un Tercero que pertenece a la estructura de reciprocidad, antes de ser recibido por cada uno. Es indiviso, antes de poder ser individuado. El Tercero aparece, originalmente, exterior al guerrero, ya que es recibido por cada uno de ellos a partir de su relación con el otro.

Pero he aquí que el guerrero puede simular la agresión enemiga. El guerrero shuar toma, en efecto, la iniciativa de su propia muerte mediante rituales. El ayuno, la mortificación por narcosis y las alucinaciones que dan testimonio del mundo de los espíritus, suplen la muerte real de un prójimo y le permiten adquirir almas de asesinato.

Esta iniciativa sobre su propia muerte le permite interiorizar el proceso de reciprocidad. Cada hombre se basta a sí mismo para asegurar su humanidad shuar. El Tercero, el *kakarma*, ya no es recibido del exterior, sino que nace de un ciclo que cada guerrero se apropió por entero. La instauración del simulacro de venganza significa una individuación del Tercero. Sin embargo, entre los Shuar, la reciprocidad real debe quedar subyacente. Ella es siempre postulada ya que el hombre, que muere por simulacro, elige un alma entre aquellos de los suyos matados por el enemigo.

El espíritu de la venganza: el *muisak*

Otro ciclo permite apoderarse del ser nacido de la reciprocidad. Cuando un *kakaram* mata a otro *kakaram*, asesinato hecho posible en condiciones excepcionales[154], la muerte de ese guerrero da nacimiento a una nueva alma, un alma particular: el *muisak*.

Los Shuar precisan que esta alma nace *en el momento* del asesinato de la víctima, «saliéndole de la boca»[155]. El *muisak* es, pues, pura conciencia de asesinato que pertenece a la víctima. Los Shuar dicen que este espíritu de la venganza, busca el cuerpo de la víctima para hacer de él su morada. La representación del alma de asesinato está siempre unida a la muerte.

Y bien, el *kakaram* desea hacerse de este espíritu de la venganza. Los Shuar pretenden que existe un momento, entre el nacimiento del *muisak* y su retorno en el cadáver de la

---

[154] Ver *infra*: «el robo de alma».
[155] Harner, *op. cit.*, p. 127.

víctima, para realizar una trampa[156]. El guerrero va a tomar la cabeza de la víctima antes de que el espíritu de la venganza venga a tomar posesión de ella. La utilizará como una trampa. Los célebres ritos de reducción de cabezas (los ritos *tsantsa*), significan esta captura[157]. Los asesinos decapitan a su víctima. Pelan la cabeza y guardan la piel, más liviana de llevar; la curten rápidamente y le vuelven a dar la expresión de su enemigo, en modelo reducido, a fin de que el espíritu de la venganza lo reconozca. Apenas éste se aloja en la cabeza preparada, cierran los orificios: la boca, las orejas y los ojos. El espíritu de la venganza está cogido. La cabeza reducida será el tabernáculo del espíritu de la venganza, que queda como propiedad del asesino.

La conjunción de las dos conciencias, de asesino y de víctima, como previas al sentimiento del ser mismo de la venganza, es aquí evidente.

Además, si esta alma de venganza nace de la muerte (sale de la boca de la víctima), nace libre y ya no pertenece al clan enemigo, lo que podría significar que el Tercero de la reciprocidad es autónomo, situado *entre* la víctima y el asesino. El Tercero de la reciprocidad negativa, el ser nacido de la reciprocidad, es en primer lugar aprehendido como fruto de la relación con el otro. Por tanto, es puro sentimiento, pura afectividad: un *kakarma* indiviso.

El guerrero se adueña de él apropiándose de la conciencia que lo rodea, el alma de asesinato, y ello guardando para sí la muerte de su víctima (su cabeza reducida) a la cual está unida la conciencia de venganza (el *muisak*). Por consiguiente, el *muisak* significa, a la vez, la potencia de ser y su representación.

---

[156] *Ibíd.*, p. 129.
[157] *Ibíd.*, p. 128-129.

Harner traduce *muisak* por «alma vengadora» o «espíritu vengativo»[158].

Es alrededor del *muisak* que se celebrarán las fiestas *tsantsa*, las fiestas shuar más grandes[159]. Y bien, después de muchas fiestas *tsantsa*, se considera que la potencia del *muisak* ha sido consumida. El rostro del enemigo no es más que un receptáculo vacío. La cabeza, así desactivada, podrá ser retornada a los suyos, abandonada o incluso vendida a los turistas. Pareciera, pues, que la imagen o la conciencia de venganza no tuviera, en sí misma, un gran valor. Ella tiene valor sólo cuando es la guardiana de un sentimiento de ser.

Se ve aquí, pues, cuán decisiva es la distinción que instaura la reciprocidad negativa entre el ser nacido de la reciprocidad, tan deseado por aquel que está en la iniciativa de la reciprocidad, y su representación. Podría ser, en efecto, que la reciprocidad negativa haya jugado un rol importante en la historia de la conciencia humana permitiendo la distinción entre el sentimiento de ser y las conciencias que lo rodean en el mundo imaginario. Si la potencia de ser (*kakarma*) es distinta de las visiones de asesinato (*arutam*), y el Espíritu de la venganza (*muisak*) de la cabeza reducida (*tsantsa*), si las visiones de asesinato o de venganza son reflejos de la naturaleza (de la muerte), ¿no es llevado, el hombre shuar, a reconocer la potencia de ser del alma de asesinato o del Espíritu de la venganza como más real que la misma realidad; ¿no es conducido a la evidencia irreductible de lo sobrenatural?

---

[158] El *muisak* no pertenece al enemigo, no está distribuido como las almas de asesinato. Queda al centro del cara a cara de los guerreros. Volveremos, en el próximo capítulo, sobre el hecho de que el *muisak* se manifiesta bajo la forma de una conciencia «unitaria» de venganza.

[159] Harner, *op. cit.*, p. 130-131.

3 - La generalización de la reciprocidad negativa

Las *dos Palabras* entre los Shuar

Hemos propuesto encarar dos sistemas de representación que hacen intervenir, uno: al Espíritu de la venganza, y el otro: a la pareja de almas de asesinato. El Tercero nace de la relación contradictoria de la vida y la muerte. Se expresa de forma no-contradictoria por la Palabra, según dos modalidades.

En el primer sistema, se expresa por un solo término, la *unidad de contradicción*: el Espíritu de la venganza que será indivisible y que no podrá vacilar entre uno u otro polo de la relación de reciprocidad. Será necesario, para quien quiera adquirirlo, apoderarse de él como de algo extranjero; de ahí proviene la trampa de las cabezas reducidas.

En el segundo sistema, para expresar la potencia del guerrero, se necesitan *dos almas*: una joven, que aparece; la otra vieja, que desaparece. Aparición y desaparición son correlacionados. El Tercero se expresa allí por una oposición correlativa.

Por consiguiente, la función simbólica traduce lo contradictorio en no-contradictorio según dos modalidades: la *unión*, que encierra lo contradictorio en un significante homogéneo, y la *oposición*, que reparte lo contradictorio entre opuestos correlativos.

¿Por qué el ser nacido de la reciprocidad negativa se expresa de dos maneras? Si el Tercero es el corazón de una conciencia de conciencia, por tanto contradictorio en sí, y si, además, debe manifestarse de manera no-contradictoria, entonces se puede esperar que utilice las dos vías que le son ofrecidas lógicamente: la conjunción: la unidad de contradicción, o la disyunción: la oposición correlativa. Las dos almas de asesinato nos parecen una expresión en la que la *oposición* domina la *unión*. En cuanto al *muisak*, el Espíritu de la venganza, significaría el primado de la *unión* sobre la *oposición*. La unión parece más apropiada para expresar al Tercero, en su indivisión, y la oposición parece más eficaz para traducirla en su singularidad. Tal vez, no sea fortuito que sea el Espíritu de la venganza el que predomina en el sistema, en el que la reciprocidad es colectiva (incursiones guerreras y fiestas *tsantsa*), y que las almas de asesinato sean las que predominan en el sistema, en el que la reciprocidad es interiorizada individualmente; es más, que la oposición exprese la competencia entre guerreros, en términos políticos, y que la unión, al contrario, signifique la reunión de los unos y los otros, alrededor de un culto común de carácter religioso.

Llamaremos a esas dos Palabras: a la una, *Palabra de unión*, y a la otra, *Palabra de oposición*. Según domine una u otra, nacerán formas de organización diferentes. Pero, lo más frecuente, es que estas *dos Palabras* estén asociadas[160], como entre los Shuar.

El robo de alma

Sólo un *kakaram*, que ya posee un alma de asesinato, puede matar a otro *kakaram*, pero con la condición de que este último pierda una de sus almas. Para vencer un *kakaram* enemigo, los Shuar dicen que tienen que «robarle un alma»[161].

---

[160] Ver D. Temple, «Las dos Palabras», *Teoría de la Reciprocidad*, t. II, editado en francés: *Les deux Paroles*, coll. « Réciprocité », n° 3, Lulu Press Inc., 2017.

[161] Harner, *op. cit.*, p. 125.

El robo de alma permite realizar la confrontación de dos conciencias antagónicas, una de las cuales es la del adversario. De este modo, la estructura de reciprocidad será interiorizada por el asesino. Para llegar a ello, el futuro asesino no deja de pronunciar el nombre del *kakaram* enemigo[162], simulando una queja de moribundo. Se reconoce la conjunción muerte-asesinato en el hecho de que el alma de asesinato está siempre unida a la muerte. Si el alma de asesinato del enemigo se toma la libertad de errar en la selva, lo que hace cuando éste descuida a mantener su potencia de ser, su *kakarma*, puede oír su nombre, sentir pena del pseudo moribundo y venir a alojarse en su pecho.

El alma de asesinato del enemigo ha sido robada por el asesino. El robo de alma confirma que el alma de asesinato es el nombre mismo del hombre shuar, ya que esta alma responde al llamado de su nombre[163].

Ciertamente, se puede explicar el robo de alma de manera funcionalista. En ese sentido, sin ese robo, el otro se mantendría invulnerable... Pero el robo de alma puede ilustrar, igualmente, cómo los Shuar logran la asociación de conciencias antagónicas, de asesinato y de víctima, en un solo personaje. El guerrero dispone, en efecto, de un alma de asesinato que no es otra que su propio nombre. Llama al nombre del otro, llama al alma de asesinato del enemigo. Para ello, el Shuar *muere* en lugar del otro, o finge morir, y obtiene entonces la conciencia de asesinato que debería tocarle al otro. Sella así una conciencia de asesinato que es la suya por una conciencia de asesinato que es la del otro. La potencia del guerrero es el resultado de un alma de asesinato personal

---

[162] *Ibíd.*, p. 125.

[163] La sucesión de esas almas de asesinato acumula el renombre de los Shuar, así como en un ciclo de dones, el nombre del que se vale el donante para ser hombre o ser viviente, se convierte en renombre en la reproducción del ciclo.

sellada por un alma de asesinato del enemigo. El Shuar captura la potencia de haber nacido en el frente a frente con otro guerrero mediante ese golpe de fuerza del robo de alma. Entonces se apodera del Tercero de la reciprocidad, de tres maneras: sea por la interiorización de la reciprocidad gracias al simulacro de su propia muerte; sea por el robo de alma y el simulacro de la muerte de otro; sea por la captura del *muisak*, el Espíritu de la venganza.

Generalización de la venganza

Cuando una familia shuar sufre un asesinato, pero no puede perseguir a su enemigo, porque éste se ha hecho de la cabeza de su víctima y, por tanto, del Espíritu de la venganza, ella puede, sin embargo, adquirir almas de asesinato. Estas almas exigen inmediatamente convertirse en matanzas reales. Pero ya que el asaltante está protegido por la posesión del Espíritu de la venganza mismo, y es invencible e inmortal, no hay otra solución que encontrar otro enemigo y, a falta de enemigos inmediatos, de volverse contra uno de sus propios aliados para continuar la dialéctica del asesinato.

La captura del Tercero por aquel que se hace del Espíritu de la venganza provoca, pues, el pasaje de la reciprocidad bilateral a formas de reciprocidad en círculos o redes, ya que cada uno se dirige hacia un enemigo diferente de aquel del que ha sido la víctima.

Esa es, sin duda, una razón del carácter sistémico de la *traición* que acompaña las alianzas en las sociedades de reciprocidad negativa. Cada uno, desde el momento que está privado de enemigos, está obligado a tratar a sus amigos como enemigos.

Recíprocamente, el mayor testimonio shuar de amistad es el riesgo de ser tratado por su amigo como enemigo. Por eso, cuando son invitados a fiestas, los aliados saben que pueden ser masacrados o envenenados. Lo saben y, sin embargo, aceptan la invitación.

Recíprocamente, los enemigos pueden convertirse en amigos privilegiados, no sólo porque dejan de ser enemigos, al hacerse invulnerables, sino porque se les debe el ser co-creadores del ser del que uno se prevale.

La traición verifica el hecho que la reciprocidad negativa no tiene nada que ver, ni con un arreglo de cuentas instintivo, ni con un sentimiento de justicia. Es el deseo de engendrar la potencia de ser (*kakarma*) y adquirir el Espíritu de la venganza (*muisak*) el que funda la obligación de asesinato, y no el sentimiento de haber sido la víctima de tal o cual enemigo.

Los *iwancï*

Si los guerreros están obligados a abandonar los cuerpos de los enemigos que han matado, sin haber podido tomar sus cabezas, tienen el sentimiento de que serán víctimas del Espíritu de la venganza[164]. Su fuga precipitada puede dar lugar a accidentes que son entonces la venganza de este espíritu[165]. El Espíritu de la venganza no dominado, que ha encontrado el cadáver del enemigo como morada, es libre luego de errar en la selva, donde se transforma en espíritu maléfico: *iwancï*[166].

Puesto que no pertenece a los unos ni los otros; ya que independientemente del nombre de cada asesino, el Espíritu de la venganza está dotado de una doble exterioridad: la de un Tercero que no pertenece a nadie propiamente y la de la

---

[164] Harner, *op. cit.*, p. 197, y cap. IV, p. 127, nota 10.
[165] *Ibíd.*, p. 128.
[166] *Ibíd.*, p. 127-128.

palabra por la cual éste se expresa, es decir, la *Palabra de unión*. La unidad de contradicción: muerte-vida, en efecto, es irreducible a la dualidad de conciencias de muerte y vida por asesinato que expresan las *dos almas* de asesinato.

Esta última exterioridad autoriza al Espíritu de la venganza a manifestarse bajo apariencias arbitrarias. Él es el asesinato pero indefinido, que puede revestir no importa qué aspecto. Él es el *accidente*. Si la naturaleza puede servir así de máscara al Espíritu de venganza, entonces éste aparece como un demonio, un *iwancï*, que habita el árbol que cae, la crecida del río, el jaguar.

Ya sea por los demonios *iwancï* o por los sortilegios de los chamanes enemigos, toda muerte accidental puede ser interpretada como un asesinato. La muerte natural está integrada a la dialéctica del asesinato, a la reciprocidad negativa. Contribuye a relanzar la venganza. Participa en la creación o en la génesis de la energía espiritual. Es más: todo lo que pueda estar relacionado con la vida y el asesinato, con la reciprocidad de asesinato, toma sentido en el universo. Ahora bien, en la selva, todo es vida y toda vida es asesinato. Es la naturaleza entera la que toma sentido en la reciprocidad de asesinato. Los árboles, los animales, los torrentes, hablan de la vida y del asesinato, y palpitan con sus demonios.

Un análisis de la reciprocidad positiva en la que la vida no aparece como asesinato sino como generación y don, mostraría también que la reciprocidad da sentido a la naturaleza. En los Shuar, el alma de la vida, la *nekás wakanï*, que se representa por la sangre misma del hombre, se transforma a su muerte en ciervo o búho, luego en mariposa, que cuando muere se metamorfosea en vapor de agua, luego en nube o neblina[167].

---

[167] *Ibíd.*, p. 132-133.

Las fiestas *tsantsa*

Es alrededor de las cabezas reducidas (*tsantsa*) que se desarrollan las grandes fiestas de los Shuar[168]. Antes, cuando un guerrero regresaba de una incursión con cabezas enemigas, seguro de haber dominado el Espíritu de la venganza, estaba libre de toda amenaza por lo menos por dos años. Aprovechaba de ello para abrir en la selva vastos claros en los que las mujeres cultivaban abundantes cantidades de mandioca. En tiempo de cosecha, invitaba a sus allegados y aliados a celebrar el Espíritu de la venganza contenido en las cabezas reducidas[169]. Estas fiestas tenían lugar en tres ocasiones: la primera, al retorno de los guerreros, las otras más tarde, cuando habían tenido tiempo de cultivar grandes huertas.

La celebración dura cinco días y es seguida, cerca de un mes más tarde, por la tercera fiesta (*napin*). Esta última es la más importante de las tres y el cazador de cabezas debe suministrar, en ella, la comida y la bebida, durante seis días. Tiene que haber amplias provisiones para todos sus invitados, sino se arriesga, en esta ocasión, a perder prestigio más que a ganarlo. (…) El objetivo esencial de la fiesta *tsantsa* no es sobrenatural. Entre los Jíbaros, aunque ese sea un objetivo secundario, se trata sobre todo de adquirir prestigio, amigos, reconocimiento, haciéndose conocer como un guerrero consumado y ofreciendo una hospitalidad generosa, en el curso de la fiesta, al mayor número posible de vecinos. Un informante nos dijo: "El

---

[168] *Ibíd.*, p. 130-131.
[169] *Ibíd.*, p. 130.

140

deseo de los Jíbaros por tener cabezas es como el deseo de los Blancos por el oro"[170].

Harner precisa que el objetivo esencial de la fiesta *tsantsa* no es de orden sobrenatural, sino que se trata de adquirir el máximo de prestigio invitando al mayor número de vecinos. La dialéctica de la venganza está de momento suspendida; la de los dones toma el relevo. La invitación, la redistribución de riquezas, llega a permitir redoblar el renombre, la fuerza del guerrero. Así, en las fiestas *tsantsa*, la reciprocidad positiva sucede a la reciprocidad negativa: en vez de hacerse de enemigos, uno se hace de amigos. Este relevo es explícito. En el curso de las fiestas, la potencia del guerrero se transmite, en efecto, a las mujeres:

> Durante esas tres fiestas, los celebrantes buscan no sólo contener el poder del *muisak*, sino también de utilizarlo. Como el alma *arutam*, el *muisak* emite cierta fuerza, pero esta fuerza, se dice, es transmisible directamente a otras personas. El hombre que ha cogido la cabeza tiene al *tsantsa* en el aire, en el curso de una danza ritual, mientras que los dos parientes que trata de favorecer – habitualmente su mujer y su hermana– se apegan a él. De esta forma, el poder del *muisak* es transmitido a las mujeres mediante el "filtro" del cazador de cabezas y les permite, se dice, trabajar más duro y tener más éxito en sus cosechas y la crianza de animales domésticos, dos zonas de responsabilidad esencialmente femeninas en la sociedad jíbaro[171].

Y bien, las mujeres son las encargadas de la producción de cerveza de mandioca; esta cerveza, que sirve para el convite y la hospitalidad, es la mediadora de la reciprocidad positiva.

---

[170] *Ibíd.*, p. 166.
[171] *Ibíd.*, p. 130.

Así el *kakarma* se convierte en *mana*. El «objetivo sobrenatural más importante de la fiesta» −confirma Harner− es el de: «utilizar el poder del *muisak*, mientras habita el *tsantsa*, para acrecentar el poder de las mujeres que pertenecen a la casa del anfitrión»[172].

Los dos renombres, del guerrero y del donante, podrían entonces deslumbrarse mutuamente para dar lugar a un sentimiento intermedio, superior, a medio camino entre el *mana* y el *kakarma*; un sentimiento de gracia particularmente puro. También:

> Las presiones sociales, rituales y religiosas de la ocasión coinciden para hacer, de este acontecimiento, la asamblea más segura, más eufórica, más grande que los Jíbaros conocen. No hay que sorprenderse, entonces, que los Jíbaros consideren las fiestas *tsantsa* como una de las cumbres de su vida social[173].

Así, pues, la contradicción guerra-paz reúne dos modalidades de la reciprocidad e incluso dos evoluciones del mundo imaginario que atañen al mismo ser social. Es por ello que la fiesta *tsantsa* está en el corazón de la vida de los Shuar. La reciprocidad de asesinato y la reciprocidad de dones se encuentran en un equilibrio siempre contradictorio para engendrar un Tercero superior: la humanidad shuar.

De los guerreros a los chamanes (*uwisin*)

Para los *kakaram* shuar, lo importante es conquistar el Tercero de la reciprocidad de venganza, bajo la forma de

---

[172] *Ibíd.*, p. 168.
[173] *Ibíd.*

«espíritu vengador» o bajo la forma de almas de asesinato; luego, convertirse en la fuente misma de esta potencia de ser; finalmente, aumentar sin cesar esta potencia, su *kakarma*, a través de la dialéctica de la venganza.

Cuando los guerreros se reúnen para preparar un asesinato, el hecho de que cada uno proclame su visión, su *arutam*, basta para borrarla irrevocablemente, y cuando el Shuar roba el alma de su enemigo, no deja de proferir su nombre: el robo de un alma es el robo de su conciencia de asesinato, pero esta conciencia es también un nombre, una palabra mágica, una palabra-asesinato. Así, la continuidad de los diferentes momentos del mundo imaginario, ligados entre sí por la sucesión de obligaciones de la reciprocidad, es un instante roto o por lo menos suspendido por la palabra.

Entre guerreros, las palabras se prolongan por las acciones: se convierten en asesinatos reales. No pueden disociarse de las acciones que comandan. La conciencia es inseparable del acto. Los Shuar viven en el mundo imaginario como si todavía no fuese posible a la conciencia tomar distancia con respecto al acto que le corresponde. La reciprocidad se manifiesta a partir de datos concretos que encadenan la conciencia a la realidad. Por tanto, los Shuar buscan a través de esta reciprocidad muy concreta producir el *kakarma*, es decir, una potencia de ser que, aunque ésta sea tributaria de dos conciencias antagónicas atadas a los límites naturales del ciclo de reciprocidad, intenta liberarse de ellas. Así, pues, no hay más razón para decir que el *kakarma* es producido por la confrontación de almas de asesinato que la que hay para decir que el *kakarma* organiza las almas de asesinato para engendrar su propio crecimiento; desde esta perspectiva, empero, hay que precisar que está lejos de ser todopoderoso. La emergencia de lo simbólico es una génesis.

Los *uwisin* son guerreros convertidos en maestros de la palabra-asesinato. Las palabras arrastran las conciencias en su nave. Las palabras vuelan... como flechas... o como pájaros, ya que son ideas-asesinato. El vuelo de los pájaros o de las

143

flechas puede significar la evasión del cuerpo de la palabra, fuera del cuerpo humano. El Tercero aparece, más que nunca, como más allá, como Otro. Es el lugar y tiempo del mito. Todo el arte chamánico consiste en repudiar, tanto como sea posible, lo real para hacer advenir lo sobrenatural. Las palabras flotan entre lo real y lo simbólico. Para el guerrero, la imagen es aquella del asesinato real, flecha de arco o cerbatana envenenada con curare; para el chamán, es imagen de conciencias de asesinato que dan testimonio de la fuerza de Tsunki, el chamán mítico.

Desde que la palabra arranca al Otro de sus condiciones de origen, el significante se desprende del cuerpo implicado en la reciprocidad. Las imágenes se invierten: ya no son los reflejos de lo real (vida y muerte) sino los reflejos del Tercero. Gracias a los alucinógenos, los chamanes pueden representarse las palabras-asesinato, esos «espíritus-servidores», como potencias sobrenaturales. Esas flechas mágicas se llaman *tsentsak*.

> El aspecto sobrenatural o "verdadero" del *tsentsak* es revelado al chamán cuando bebe el *natemä* [alucinógeno][174].

La palabra es libre ¡pero todavía no es libre de no matar! Los espíritus-servidores (*tsentsak*) son una representación del renombre y del poder de asesinato del *kakaram*. Harner cuenta que los chamanes pueden combatirse, neutralizarse, relevarse, tal como los guerreros mismos; que se ordenan entre ellos según una jerarquía dominada por un ancestro mítico, Tsunki, chamán de chamanes, que vive bajo las tumultuosas aguas de los ríos, en una gran morada cuyos muros son anacondas erguidas[175]. Ciertos chamanes se hacen tan poderosos que

---

[174] *Ibíd.*, p. 138.
[175] *Ibíd.*, p. 136.

pueden disponer ante ellos sus flechas mortales como una coraza infranqueable por una flecha enemiga. Pueden arriesgarse a liberar así a una víctima de un dardo mortal[176]. Harner pretende que se conoce hasta dicotomías secretas entre chamanes curanderos y chamanes asesinos; estos últimos encargados por los primeros de prepararles víctimas a salvar... porque algunos chamanes se harían remunerar, dice Harner, sus servicios de curandero[177].

Esta observación puede significar también el vuelco de la reciprocidad, cuando pasa a ser de negativa a positiva. La visualización de la vida-asesinato mediante los alucinógenos permite representar una conciencia de asesinato en un objeto, y conduce al don de este objeto mediador del imaginario. La representación del asesinato se concretiza en objetos como el cristal de roca en el que se puede ver titilar las flechas mágicas[178]. El cristal se parece a un telescopio. En su transparencia se ve el fugaz movimiento de las flechas espirituales. Es una aljaba de dardo mágicos. No todos los cristales pueden ser portadores de espíritus-servidores, sino sólo aquellos a los que un chamán insufló su potencia de ser. El poder del tal cristal desaparece al poco tiempo, o si no disminuye al pasar de un chamán a otro chamán. Luego de cuatro dones, su fuerza es casi nula. No es, por tanto, el don que engendra la fuerza mágica, sino la reciprocidad de asesinato. Si la reciprocidad de asesinato no alimenta la eficiencia de los espíritus-servidores, aquella se agota. Finalmente, un chamán siempre puede retirar sus dardos mágicos al cristal dado[179].

Sin embargo, el hecho de poder visualizar en el cuerpo material de un cristal su potencia de asesinato permite a los

---

[176] *Ibíd.*, p. 144-145.
[177] *Ibíd.*, p. 110.
[178] *Ibíd.*, p. 136.
[179] *Ibíd.*, p. 107-108 et p. 145.

chamanes transferirla a otro chamán y hasta a un no-chamán que llegó a ser su *amigri*. He aquí que se multiplican las posibilidades de asesinato puesto que transforma a cualquiera en un asesino.

Los Shuar ¿han encontrado, gracias al don, una manera de acelerar la dialéctica de la venganza y del crecimiento del *kakarma*? En efecto, todo Shuar puede adquirir espíritus-servidores aliándose con un chamán mediante la reciprocidad de los dones[180].

El don de los poderes mágicos llega a hacer renacer la dialéctica de la venganza. Por tanto, todo perjuicio, toda herida o muerte accidental, puede ser interpretada como proveniente de un espíritu-servidor enemigo, obligando a la víctima a designar un responsable; con lo que el ciclo de reciprocidad de venganza, real o mágico, está relanzado. El aire shuar está lleno de fuego, lleno de estas flechitas que matan, que llevan los pájaros en sus gritos... y el mundo está encantado por los espíritus... ¡mortalmente encantado!

De lo real a lo simbólico

El *kakarma* puede ser considerado como el punto de equilibrio del ciclo de reciprocidad, en el que la conciencia de muerte se invierte en conciencia de asesinato, pero, he aquí que no es sólo un catalizador que acarrea una sucesión de estados de conciencia opuestos. La dialéctica de las almas de asesinato no basta para dar cuenta del *kakarma* shuar. Los Shuar sostienen que una conciencia sucede a otra; que la conciencia de asesinato se aliena en la conciencia de muerte y desaparece, y que esta alma de asesinato renace; ahora bien,

---

[180] *Ibíd.*, p. 104-111.

también aseveran, y ese es un punto importante, que en ciertas circunstancias la borradura de almas sucesivas se detiene; la dialéctica suspende su curso, los asesinatos cesan y se abre una época de paz. El *kakarma* no se reduce a la fuerza del alma que mata o a la del Espíritu de la venganza; como dice Harner, el *kakarma* es *potencia de ser* que puede comunicarse a todas las actividades del hombre. Tiene como un espesor y este espesor se acrecienta con la *sucesión* de los ciclos de reciprocidad. En la cumbre de su crecimiento, el *kakarma* es descrito como un goce puro, de una naturaleza diferente a la de la conciencia.

El *kakarma* preside la dialéctica de la conciencia ya que se sitúa en su corazón. Las conciencias de asesinato y de muerte no sólo contienen la potencia de ser, sino que mutuamente se metamorfosean en ella. Los Shuar explicitan esta metamorfosis cuando dicen que, a la muerte de un *kakaram*, su potencia de ser se transforma en tantas almas de asesinato como ha conquistado en el curso de su vida. Es más, añaden que la potencia de ser se acrecienta con la potencia de las almas de asesinato. Y lo confirman a propósito del Espíritu de la venganza, ya que si el guerrero *kakaram* no puede dominarlo, este Espíritu de la venganza se transforma en demonio *iwancï*; pero si lo domina, haciéndose de la cabeza del enemigo, ésta será abandonada desde el momento en que el Espíritu de la venganza, que ella representa, se habrá transformado todo entero en potencia de ser del guerrero.

¿Cómo tiene lugar esta metamorfosis de la conciencia en un sentimiento de carácter ético? La potencia de ser es un sentimiento que se alimenta del enfrentamiento de dos conciencias antagónicas; conciencias que hay que reproducir sin cesar. La potencia de ser, pues, nace como afectividad *entre* la una y la otra. Ahora bien, la metamorfosis de la conciencia en afectividad, o a la inversa, es tan progresiva que no se puede revelar el hiato entre ellas y, por tanto, sus caracteres son antagónicos: carácter absoluto de la afectividad y carácter relativo de la conciencia. Esta paradoja podría explicarse así: para construir la afectividad hay que ir, de los polos de lo no-contradictorio, hacia el centro de la relación contradictoria, y para que la conciencia se explicite en un sujeto y en un objeto, es necesario avanzar, del corazón de lo contradictorio, hacia su periferia. El pasaje de la una a la otra es continuo, pero el sentido de movimiento hacia la una o hacia la otra es opuesto.

El *kakarma* es afectividad; ahora bien, la afectividad es la que merece el nombre del ser. Esta potencia de ser requiere al otro, ora como asesino ora como víctima, en una estructura de reciprocidad precisa. Esta estructura le confiere un carácter de exterioridad en relación al individuo. Entonces el Ser es el Otro. En el mito shuar, las anacondas erguidas sobre su cola, que son otras tantas conciencias de vida-asesina, forman las paredes de la morada de Tsunki, el chamán de chamanes; las anacondas son las que contienen el ser shuar; son las guardianas del Otro: el *kakaram* todopoderoso. Las conciencias de asesinato forman un círculo cuyo interior es la sede del Otro[181].

En el origen, la vida y la muerte son los polos de la reciprocidad; son los pilares de la morada primigenia de la humanidad. El ser humano compromete la totalidad de su existencia en la reciprocidad. En este sentido, las primeras prestaciones humanas pueden ser llamadas *prestaciones totales*. Un mito azteca de reciprocidad negativa narra cómo el primero de los hombres (eran ocho) se echó al fuego para que se hiciera la luz. Los otros siguieron su ejemplo para que la luz no se apagara jamás. El *Tercero* resulta de la relación antagónica entre la vida y la muerte y de la relativización de todo por su contrario: esta relativización es, tal vez, el origen del sacrificio: se sacrifica la naturaleza para producir lo

---

[181] Mientras que a menudo en el pensamiento occidental, según Hegel por ejemplo, la afectividad es una infra-conciencia y la ética la adecuación de la conciencia consigo misma, aquí la afectividad no se reduce a la infra-conciencia y se acrecienta para engendrar la ética. Los valores de la ética son, en efecto, la expresión propia del *kakarma*: el *kakaram* no podría disimular, escamotearse, arrastrarse, tener celos o no tener valor…

sobrenatural. Si el Tercero se convierte en la finalidad del hombre, si es la revelación de su propia conciencia, se comprende que el ser humano consienta en consumir todas sus fuerzas para producirlo.

La muerte no es un castigo, sino una aliada para liberarse de la naturaleza. Las mujeres shuar se suicidan a la menor debilidad de aquellos a quienes aman o tras la menor injuria. El suicidio de las mujeres es de tal amplitud que equilibra la muerte de los hombres por el asesinato y la guerra. Nos hemos preguntado si, entre las mujeres, existiría una dialéctica de venganza y asesinato, ya que ellas pueden, como dice Harner, servir a los invitados de su marido una tutuma de chicha envenenada. Pareciera, pues, que ellas fueran el brazo del hombre[182], el brazo de la traición y que ellas golpearan a los enemigos del hombre. Así y todo, el suicidio de las mujeres es una amenaza constante. Pero su motivo, quizá, no sea la venganza, sino más bien la salvaguarda del ser mítico que habita en ellas. La vida y la muerte no tienen sentido sino para servir como joyero a la potencia ética, a los valores afectivos de las relaciones humanas.

Se podría decir que los Shuar aman la muerte porque ella es la matriz de lo sobrenatural, de la verdadera vida.

---

[182] *Ibíd.*, p. 152.

149

2 - LA RECIPROCIDAD DE DONES Y LA RECIPROCIDAD DE VENGANZA ENTRE LOS SHUAR

1 - La invitación y la fiesta

Los guerreros shuar practican la reciprocidad positiva en las fiestas *tsantsa*. Los chamanes, sin embargo, la ponen al servicio de la reciprocidad negativa. Ahora bien, cada vez que las condiciones lo permiten, la reciprocidad positiva existe sin deberle nada a la reciprocidad negativa. La vida de los Shuar oscila entre el asesinato y el don. Pero cuando la reciprocidad positiva puede desarrollarse, lo hace sin equívoco alguno.

Entre los Jíbaros, nadie sabría rechazar un don que fue demandado, sin perder la cara[183].

La reciprocidad positiva estriba, en primer lugar, en la hospitalidad y la generosidad para con sus prójimos. El hombre shuar caza, pesca, rotura, teje, aventa el grano, construye la casa y la piragua; la mujer cultiva el huerto, prepara la comida, sobretodo la célebre chicha de yuca, de primera importancia en la Amazonía para afrontar su clima caliente y húmedo. Esta chicha, de bajo grado alcohólico, de un gusto amarguillo y deliciosamente refrescante, debe servirse a los de la casa y a los invitados cada media hora. Así:

La importancia de las mujeres y su producción de alimentos y chicha va mucho más allá de las exigencias de sobre-vivencia de la casa. Tener más de una mujer asegura la producción de un excedente que permitirá tratar

---

183 *Ibíd.*, p. 104.

dignamente a invitados de otras familias. Para los Jíbaros, beber chicha y comer (sin duda, en este orden) son actos muy importantes; hasta tal punto que la consideración de una familia en la vecindad está ligada a la generosidad manifestada en la distribución de chicha y alimento. Nadie puede esperar tener numerosos amigos si no es un anfitrión generoso; y las exigencias de la hospitalidad son tales que una sola mujer no puede, por su trabajo, satisfacerlas[184].

Para beneficiarse de un tiempo de paz, hay que dominar al Espíritu de la venganza y disponer de un *muisak*. Sólo los *kakaram* pueden pretender tener numerosos aliados y merecer varias mujeres para cultivar grandes huertos, a los cuales pueden aumentar mujeres raptadas en las comunidades enemigas[185].

En definitiva, toda forma de reciprocidad positiva está muy intricada con la reciprocidad negativa. Hay que haber conquistado la paz para abrir grandes y bellos huertos, preparar mucha chicha y dar grandes fiestas…

Las fiestas, centradas en la chicha de yuca y la danza *(hansematä)*, constituyen la forma esencial de relación social con los vecinos. Ordinariamente, ellas tienen lugar cuando un hombre ha trabajado varios días abatiendo árboles para agrandar su huerto y desea invitar algunos vecinos a pasar con él una noche de goces. Ordena a sus mujeres fabricar una gran cantidad de chicha; luego, en los días siguientes, caza mucho, hasta traer a la casa una cantidad suficiente de carne (…)[186].

---

[184] *Ibíd.*, p. 74-75.
[185] *Ibíd.*, p. 162.
[186] *Ibíd.*, p. 96-97.

2 - La reciprocidad total de los *amigri*

Dentro de las diferentes formas de reciprocidad, entre los Shuar, retendremos la reciprocidad de los *amigri*. Uno debe todo a su asociado *amigri*. El valor producido por esta forma de reciprocidad se expresa en la *amistad*. Cuando los Shuar tuvieron sus primeras relaciones con los españoles, el Shuar se definía por la reciprocidad negativa. El extranjero, por tanto, no podía ser reconocido ni aceptado sino en términos no-shuar, es decir, básicamente por reciprocidad positiva. Además, la reciprocidad positiva se desarrolló considerable-mente con la llegada de colonos, gracias a la redistribución de herramientas de hierro. Es probable que los Shuar hayan adoptado entonces el término extranjero *amigo*, dicho *amigri* o *amici* (compadre), para definir a sus nuevos asociados de reciprocidad.

El ritual que establece la relación de *amigri* es el de una prestación total:

> Dos hombres deciden establecer una relación de "amistad", después de una serie de visitas de cortesía en el curso de las cuales intercambian regalos. Cuando conviene formar una asociación comercial en buena y debida forma, cada uno pasa dos meses acumulando objetos raros en la vecindad de su asociado. Luego uno visita al otro; se extiende una tela en el suelo de tierra aplanada y cada cual pone en ella un montón de sus regalos. Cada quien se arrodilla entonces cerca de su montón, frente al otro y dice: "toma todo eso", luego se abrazan. Sus esposas cumplen el mismo tipo de ceremonia, luego se abrazan los cuatro[187].

---

[187] *Ibíd.*, p. 114.

Del mismo modo que Lévi-Strauss, cuando comenta el encuentro de dos bandas de Nambikwara, Harner vacila: la emoción de reconocerse mutuamente como aliados ¿se impone sobre la del interés que puede suscitarse ante las relaciones de intercambio? A pesar de que el rito shuar subraya ostensiblemente la importancia de la amistad, Harner postula, como Lévi-Strauss, la primacía de la razón comercial. Pero ¿no es acaso la amistad la razón de esta reciprocidad? Nada permite a los donantes medirse entre ellos. La reciprocidad de los *amigri* se distingue incluso de la reciprocidad positiva en que no se compara nada entre los socios para establecer un rango social en el orden del prestigio. En cualquier caso, un *amigri* se esfuerza siempre en dar a su asociado lo más posible. Hay don de todo, justamente, para que la amistad, en la cual el don se metamorfosea, sea lo más intensa posible.

> Cuando el anfitrión del primer encuentro (a menudo acompañado de su esposa) visita a su compañero, éste es recibido suntuosamente. De hecho, los asociados-negociantes tratan de superarse, el uno al otro, con larguezas[188].

Si se construyen los valores más altos como la estima, la confianza, la tolerancia, la atención, la amistad... a partir de actos muy prosaicos, tales como el don de víveres, la hospitalidad, la protección física... en cambio, la amistad ejerce su propia exigencia sobre esas prestaciones y se convierte en la fuerza motriz de la inversión material, del mismo modo como el prestigio, en la reciprocidad positiva. En este sentido, la amistad es una dinámica de la economía shuar, una fuerza motriz capaz de competir con la referida a la economía del don, el prestigio, y la referida a la economía del intercambio, el interés.

---

[188] *Ibíd.*, p. 114.

153

3 - La fuerza de lo contradictorio

La relación de los *amigri* es una forma de reciprocidad que no depende de ninguna pretensión por ser más grande que el otro. Sin embargo, es precisamente esta pretensión la que impide a los protagonistas de una relación de reciprocidad positiva aunar sus esfuerzos en una única dinámica de producción colectiva y, en su lugar, los mantiene distanciados unos de otros. Puesto que el deseo de amistad de los *amigri* se impone sobre el deseo de prestigio, se podría esperar que nada se debería interponer a una comunión, a una ayuda sistemática, a una asociación en favor de una obra común; en fin, a una identificación total de los dos *amigri*. ¡Nada de ello!

El sistema de negociación indígena reposa sobre la asociación de dos personas que viven, habitualmente, a uno o dos días de camino el uno del otro, y se visitan alrededor de una vez cada tres meses[189].

Esta observación testimonia de una fuerza irreprimible que mantiene, en el espacio, una distancia precisa entre los dos asociados (uno o dos días de camino) así como en el tiempo (una vez cada tres meses). Vemos, pues, en esta doble distancia un elemento estructural de la misma reciprocidad.

¿Cuál es, pues, esta obligación que, en el seno de la reciprocidad más completa, se opone con tanta fuerza a la atracción de la unión, a la fusión amistosa y que asegura, en el tiempo y en el espacio, la autonomía, la diferencia de cada uno respecto del otro? Esta obligación parece responder a la necesidad de establecer un equilibrio contradictorio. Las relaciones humanas cobran sentido a partir del equilibrio contradictorio: de la diferencia con la identidad, de la

---

[189] *Ibíd.*, p. 113.

hostilidad con la amistad, de la repulsión con la atracción, de lo heterogéneo con lo homogéneo. La reciprocidad, equilibrada contradictoriamente, crea un espacio en el que la preocupación por el otro se convierte en un reconocimiento mutuo, sin negar la diferencia de cada uno, pero tampoco ignorándola. Este espacio «extra-naturaleza», específicamente humano, en donde todos los posibles toman su fuente, es sentido como una liberación, como la liberación de la fatalidad natural o como un momento de libertad hacia un más allá. La incertidumbre recíproca se transforma en un sentimiento de reconocimiento de una trascendencia que se impone a toda solución unilateral, inmediata, como la de ser hermanos o enemigos. El otro deja de ser el enemigo fatal o el amigo obligado, para ser la humanidad a la cual uno mismo aspira.

Lévi-Strauss observó y describió minuciosamente, a propósito de los Nambikwara, el momento de ansiedad que preludia el advenimiento del Otro. Estima que la angustia es hasta tal punto insoportable que cada uno intenta ponerle fin. Es necesario que la alegría se imponga, o la ira. Pero observa también que ineluctablemente los Nambikwara vuelven a enfrentarse, bajo la modalidad del cara a cara, tal como hacen, entre los Shuar, los candidatos a la relación de *amigri*, hasta el día en que encuentran el medio de perennizar las condiciones viables de este equilibrio de fuerzas contradictorias. La privilegian imponiéndola inmediatamente a las soluciones unívocas, que prevalecían hasta entonces, la confusión o la separación. Instauran un parentesco de alianza ficticia que sella la relación contradictoria de cada uno con el otro: el otro ya no es más el extranjero absoluto. Sin embargo, no es considerado como parte del propio grupo, ni está llamado a la comunión fraternal. En los Nambikwara, recibe un estatuto intermedio, el de cuñado. Entre los Shuar, esta relación de amistad recíproca recibe un estatuto especial más fuerte aún que el vínculo de parentesco[190].

Esos asociados-negociantes tienen obligaciones mutuas que sobrepasan las de los hermanos. Y de hecho, no es raro ver a hermanos o incluso padres e hijos convertirse en *amigri* para institucionalizar sus sentimientos de mutua obligación[191].

El júbilo de los seres humanos en el encuentro inaugural, como aquella que describe Lévi-Strauss entre los Nambikwara o la que describe Harner en el arrodillarse y abrazarse de los *amigri* shuar, no tiene que ver solamente con el placer de recibir regalos, sino con una alegría espiritual. Este júbilo es, en primer lugar, una alegría del espíritu que encuentra en el otro un «rostro», como diría Lévinas. Y, por relación a esta humanidad, es que las cosas adquieren sentido; en primer lugar, la paz y la guerra. Ellas dejan, en efecto, de responder a necesidades biológicas, a las cuales estaban ligadas, para responder a otra realidad: de ahora en adelante, ellas participan en el advenimiento de un ser superior que podemos llamar la Humanidad. Este cambio de registro es capital. La guerra y la venganza ya no están dirigidas hacia reacciones fisiológicas, sino al goce del *kakarma*. Ese cambio signa la primacía de las leyes de la naturaleza humana sobre las de la naturaleza física y biológica.

---

[190] *Ibíd.*, p. 116.
[191] *Ibíd.*, p. 111.

4 - La individuación en la reciprocidad simétrica y positiva

En la díada de los *amigri*, el «producto» de la reciprocidad es indiviso; se sitúa entre las personas como una naturaleza común que es compartida, como un lazo de amistad, como un Tercero de referencia. Pero los *amigri* se asocian a nuevos *amigri*, como si el don, para corresponder a la necesidad del otro, impusiera la búsqueda de riquezas venidas de fuera, mediante intermediarios, ya que no puede exponerse a sí mismo en territorio enemigo; tal es la idea que parece retener Harner[192].

Sin embargo, la apertura de la díada puede significar la invención de una estructura radicalmente diferente. Desde que interviene una tríada, cada uno recibe todo de un lado y da todo del otro simultáneamente. Ya no comparte más al Tercero de la reciprocidad, ni con su donante, del que recibe unilateralmente, ni con su donatario, al que sólo da; sin embargo, da y recibe simultáneamente, de modo que se convierte en la sede de dos conciencias antagónicas, necesarias para la emergencia del Tercero. Así, el Tercero ya no es compartido; es interiorizado por el individuo. La apertura del ciclo ternario origina su individuación.

---

[192] *Ibíd.*, p. 118.

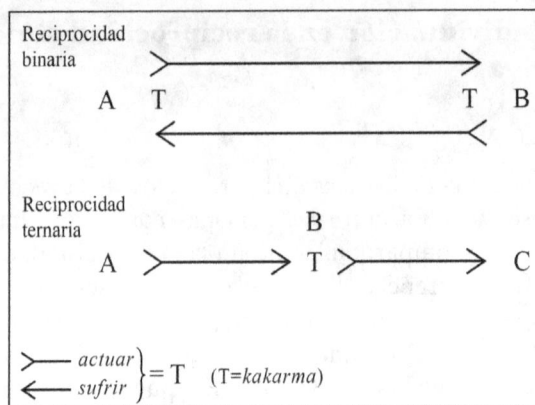

Reciprocidad
binaria

A T   T   B

Reciprocidad
ternaria   B

A >――――> T >――――> C

$$\left.\begin{array}{l} \text{>―― } actuar \\ \text{<―― } sufrir \end{array}\right\} = T \quad (T=kakarma)$$

La reciprocidad ternaria, por extensión: circular o reticulada, otorga al individuo autoridad y competencia sobre la producción del ser social. El sentimiento de una presencia que proviene de más allá de sí mismo y que sobreviene a los asociados de una relación de reciprocidad bilateral, pierde su carácter de exterioridad y se convierte en el sentimiento de un ser que se enraíza en el seno mismo del individuo. Estar en el origen del Tercero confiere al individuo un sentimiento de responsabilidad. Los Shuar dan testimonio de un tal sentimiento de responsabilidad cuando afirman que la relación de *amigri* es más fuerte que la relación de reciprocidad de venganza. El estatuto de *amigri* constituye, en efecto, una suerte de dejar-pasar en los rangos enemigos[193].

Por otra parte, cada intermediario se encuentra entre dos asociados que establecen entre ellos una relación diádica. Por tanto, el intermediario se convierte en el centro de una relación de reciprocidad entre esos dos socios que se miran cara a cara. Encarna su Tercero común. Juega, además, un rol equilibrador entre la redistribución en un sentido y la

---

[193] *Ibíd.*, p. 116.

redistribución en el otro sentido; hecho que se constituye, sin duda alguna, en el origen del sentimiento de la igualdad y de la justicia social, y del «principio de las equivalencias».

5 - La reciprocidad en dominó y la ética

Así, pues, la reciprocidad se encuentra en el origen de la economía. En efecto, la amistad exige, para desplegarse, el cuidado de las cosas temporales necesarias para el otro. El primero de los dones que engendra la amistad es la hospitalidad o el don de víveres. Se puede decir que, entre los Shuar, la ética es un motor fundamental de la economía. Pero antes de estar dirigida a producir el bien material de los unos y los otros, la reciprocidad está diseñada para generar el valor ético mismo. De este modo, la reciprocidad total de los *amigri* los compromete de por vida y se manifiesta en un verdadero ritual. El don es un asunto sagrado y no solamente comercial.

El Shuar que ofrece sus bienes, en una relación de reciprocidad de tipo *amigri*, no contabiliza; no somete las cosas a la estimación de su interés o de otro, sino que lo comparte todo. Todo lo que pertenece a uno es, en efecto, inmediatamente compartido con el otro hasta que cada uno tenga de todo de forma similar al otro. El todo contra el todo puede igualar el oro y el hierro, la yuca y el maíz; en el límite: el todo y la nada. ¡Qué importa! Ya que al final de la transacción de reciprocidad, la igualdad entre las personas será completa; cada uno disponiendo de la mitad de todo. Sin embargo, si el número de asociados fuese superior a dos, el compartir exigirá la medida.

Cada *amigri* se une con dos o más asociados como para constituir cadenas de reciprocidad o redes de reciprocidad que trazan rutas de amistad de una frontera étnica a la otra[194]. Las díadas están articuladas entre ellas como las piezas de un juego de dominó. Esas rutas de amistad permiten la circulación de las riquezas necesarias a las ofrendas de reciprocidad; lo que las transforma en rutas comerciales.

> Aquel que visita a otro trae, si viene del oeste (es decir de la frontera Jíbaros-Blancos), machetes, hachas de acero y fusiles. Si viene del este, transporta esencialmente bienes achuara[195].

Los diferentes valores están ordenados, los unos respecto de los otros, según una jerarquía que refleja prioridades objetivas como aquella del machete o del fusil sobre la yuca o la caza. Esta jerarquía no debe nada a las leyes de la oferta y la demanda o a las disparidades de poder engendradas por la propiedad... Por otra parte, ciertamente, no es lo mismo ser agricultor, guerrero o médico, pero el rango de estos estatutos está fundado sobre una jerarquía ética en vez de estarlo sobre la fuerza o la violencia. Cada *amigri* tiene en cuenta esta jerarquía cuando redistribuye sus riquezas entre sus diferentes asociados. La calidad del don mide el prestigio de cada uno. Una carabina, por ejemplo, es más apreciada que ningún otro presente. Se establece así un paralelismo entre el prestigio y la utilidad del don que permite fijar equivalencias.

Por supuesto, Harner observó este principio de equivalencias: «Existe un código de equivalencias en materia de trueque, que les sirve de base»[196]. Llama *trueque* al movimiento de cosas que van en uno y otro sentido sobre una ruta de reciprocidad. El término tiene un valor ciertamente

---

[194] *Ibíd.*, p. 107 y p. 112-113.
[195] *Ibíd.*, p. 113-114.
[196] *Ibíd.*, p. 115.

160

descriptivo. No pretende sostener que cada asociado buscaría su ventaja en una negociación estricta.

En términos de moralidad jíbaro, aparentemente, sería impensable que un "amigo" tratara, regularmente, de abusar de su asociado en sus transacciones. Actuar así comprometería la continuidad de la relación *amigri* y la obligación sentida por el anfitrión de proteger a su asociado contra sus enemigos locales[197].

No se trata, pues, de trueque en el sentido de intercambio interesado, de competencia, de beneficio o especulación, como lo practican los comerciantes occidentales que surcan los ríos del país de los Shuar y que los Shuar llaman «regatones», de la palabra española «regatear», que significa discutir airadamente el precio en una transacción comercial. La expresión, en el espíritu de los Shuar, es netamente peyorativa. Harner subrayó que el objetivo del *amigri* es, al contrario, el de dar para fundar una amistad frente a la cual nada cuenta más, ni siquiera la gloria de ser un donante más grande. Frente a los no-*amigri*, en cambio, la gloria es la razón del don.

Un hombre se convierte en un *amigri* no por acumular y atesorar bienes, sino por distribuirlos entre sus vecinos a fin de asegurar prestigio y reconocimiento. La distribución de esos bienes se hace sobretodo poco a poco, a medida que los parientes y amigos de uno de los que negocian se los piden[198].

Así, pues, Harner ha precisado lo que nos parece ser el fundamento de la *economía de reciprocidad*. Sin embargo, nos parece necesario subrayar que no se trata de una forma particular de la economía de intercambio y competencia, de

---

[197] *Ibíd.*, p. 115.
[198] *Ibíd.*, p. 111-112.

un tipo de trueque al cual estarían sometidos el prestigio y la amistad, sino de una economía del todo diferente, profundamente original y racional. La razón motriz de la producción y circulación de las cosas es el valor espiritual que produce la relación de reciprocidad.

6 - El rol de la demanda

Entre los Shuar, los territorios de reciprocidad positiva y negativa están entremezclados, pero también articulados el uno con el otro gracias a las relaciones de los *amigri* y de los no-*amigri*.

> Las relaciones entre uno de esos negociantes y sus vecinos que, oficialmente, no hacen parte de los *amigri*, es uno de los aspectos clave del sistema[199].

Los *amigri* no pueden rechazar lo que les pide su entorno. La demanda no está aquí combinada con un pago; ella es simplemente el camino del don, la indicación de su utilidad. Los Shuar parecen rebeldes a la idea de establecer el rango de cada uno por la sobrepuja del don. El don no es don si no está al servicio del otro: el don está relativizado por la demanda. Llamamos a esta forma de reciprocidad, controlada por el cuidado de la demanda del otro, reciprocidad «simétrica».

Los Shuar dicen que si no aceptasen dar lo que se les pide o incluso redistribuir y compartir por su propia iniciativa todo excedente que las condiciones favorables les permitieron adquirir, sus prójimos tendrían el deber de incendiar su casa, si no de matarlos. Parece que esas represalias buscan, más bien,

---

[199] *Ibíd.*, p. 111.

instaurar otra forma de reciprocidad –la reciprocidad negativa– que obtener una reparación material. La demanda puede ser considerada como una articulación de la reciprocidad positiva con la reciprocidad negativa.

Los Shuar oscilan entre la reciprocidad de dones y la reciprocidad de venganza. Lo que les importa, sin embargo, no es tanto la ventaja material, cuanto el lazo espiritual que se establece en ocasión de los dones o, si no, por la reciprocidad de venganza.

7 - La reciprocidad positiva de los no-*amigri* y de los chamanes

La articulación de los *amigri* con los no-*amigri* se prolonga con la de los no-*amigri* hacia los chamanes[200]. Los valores de uso pasan así de una red de *amigri* a una red de chamanes, en la que estos valores circulan según las mismas modalidades que entre los *amigri*: las de la reciprocidad en dominó. Pero aquí la reciprocidad puede ser desigual, porque ya existe una jerarquía[201]. Los chamanes reciben de los no-chamanes, incluso si no piden nada. No podrían, por otra parte, pedir sin dañar su renombre, pero los no-chamanes, para merecer su propio renombre, no pueden no dar lo que los chamanes desean[202]. Sus dones son recibidos como homenajes. Los chamanes reciben así la ayuda necesaria para abrir grandes claros en la selva e, incluso, proposiciones de alianzas matrimoniales...[203]. El honor, y no el interés, es siempre el

---

[200] *Ibíd.*, p. 105.
[201] *Ibíd.*, p. 104-108.
[202] *Ibíd.*, p. 104-105.
[203] *Ibíd.*, p. 105.

motor de la circulación de los valores de uso; incluso si, en secreto, los chamanes confiesan cuánto aprecian un fusil o un machete. El principio de equivalencias interviene esta vez entre valores de uso, por una parte, y espíritus-servidores (*tsentsak*), por la otra.

Entre chamanes, la circulación de valores de uso se realiza de la misma forma: cuando un chamán está a punto de que le falten espíritus-servidores, pide a un chamán superior, adecuando su demanda a solicitudes con valor de uso[204]. Este responderá con un don de espíritus-servidores. El chamán desprovisto de espíritus-servidores puede hacer obligación del don a aquel que lo posee «demandándolo». La red puede ramificarse, ya que todo chamán se protege de la fuerza de los otros diversificando sus fuentes de espíritus-servidores[205]. La reciprocidad «vertical» está atemperada por la reciprocidad «horizontal». Es más: varios chamanes pueden asociarse entre ellos[206]. Toda reciprocidad positiva está supeditada a la multiplicación de la redistribución de espíritus-servidores y, por tanto, según la reactivación de la reciprocidad negativa.

Harner dice que, hoy, los chamanes procuran sus poderes mágicos en el extranjero ahorrándose así muchos asesinatos. Los Shuar encontraron, por así decir, su Tercer Mundo que les permite apropiarse de espíritus-servidores a buen precio. Para los Untsuri-Shuar, son los Canelos, en contacto con los misioneros, los que les proveen de fuerzas mágicas particularmente temibles[207].

La sofisticación de las relaciones de reciprocidad en la dialéctica de venganza o de don, puede ilustrarse con una analogía de nuestro propio sistema económico. Los Shuar notaron, en efecto que los lavadores de oro se servían de una

---

204 *Ibíd.*, p. 107.
205 *Ibíd.*, p. 108-109.
206 *Ibíd.*, p. 110.
207 *Ibíd.*, p. 106.

batea, que llaman «banco», e igualmente observaron que la fascinación de los colonos por el oro se parecía a la de los chamanes por los *namurä*, los cristales de cuarzo llenos de espíritus-servidores, de manera que concluyeron, naturalmente, que el nombre español de sus chamanes debía ser *panyü* (derivado de *banco*) es decir «banqueros»[208]. Es cierto, además, que su moneda de cuarzo, a través de su redistribución, hace circular valores de uso ¡igual que una moneda de intercambio!

8 - *Nunkui* o la palabra femenina

Si los hombres tienen su estatuto definido por la reciprocidad negativa, parece que las mujeres serían las responsables de la reciprocidad positiva. Ellas son, en efecto, las guardianas del huerto; cultivan la yuca de la que preparan chicha, la principal ofrenda que dinamiza constantemente todas las relaciones de alianza y de amistad. En la reciprocidad positiva, los primeros dones son víveres. La yuca es la primera imagen de la amistad. Enseguida, la imagen se libera del uso y se refiere a la fuerza espiritual.

Las plantas de yuca son entonces reemplazadas por piedras rojas, símbolos de fecundidad, que son escondidas en las huertas. La realidad viviente de la yuca, la vida biológica, es abandonada. La imagen no puede referirse, desde ahora, sino a la potencia de ser, al sueño, dice Harner[209], a lo sobrenatural, a la vida imaginaria. El color rojo (el interior de

---

[208] «Los chamanes canelos se llaman "banqueros" porque se consideran depositarios, igualmente ricos, no en depósitos minerales, sino en poderes mágicos». *Ibíd.*, p. 106.

[209] *Ibíd.*, p. 67.

la yuca es blanco) recuerda por otra parte la sangre, ya que la sangre es la manifestación de la *nekás wakani*: el alma de la vida. Pero he aquí que esas piedras son las hijas de Nunkui, el hada mítica de las huertas, la que hace crecer la yuca. Así, pues, la imagen ha adquirido un valor simbólico. La transferencia de la imagen, de lo natural a lo sobrenatural, se opera de la misma forma para las mujeres que para los guerreros: por el sueño y el recurso a los alucinógenos:

> La dueña del huerto, además de proporcionar [a Nunkui] un lugar para danzar y demostrarle su respeto con sus cantos, le da "pequeños" para animarla a quedarse en el huerto. Se trata de tres piedras rojas, que se les aparecen a las mujeres en el curso de sus sueños o de visiones causadas por los alucinógenos y que ellas llaman los "chicos" de Nunkui. Esas piedras, que son astillas de jaspe sanguíneo, son conocidas con el nombre de "piedras de Nunkui" o "piedras a yuca"; se supone que se las puede encontrar gracias a los sueños en que Nunkui aparece y les dice: "Escondo una 'piedra a yuca' en tal o cual sitio". (...) Cada sueño permite encontrar una sola piedra, y esas piedras son celosamente atesoradas[210].

Cada sueño permite encontrar una sola piedra... del mismo modo como el guerrero sólo puede capturar un alma de asesinato en cada mortificación. Pero he aquí que las mujeres acumulan preciosamente las piedras rojas que dan testimonio de sus visiones. ¿No se encuentra aquí la idea de una acumulación de potencia de ser, ya que esas piedras rojas, símbolos de las «chicos» de Nunkui, descritas también como tubérculos de yuca, llaman a la fuerza de Nunkui, del mismo modo como los espíritus-servidores de los chamanes llaman a la fuerza de Tsunki?

---

[210] *Ibíd.*, p. 67.

¿Se puede acaso establecer una comparación más precisa entre los sueños de los hombres y los de las mujeres? ¿Se podría encontrar la conjunción de contradicción entre lo real y lo imaginario que hemos encontrado en el ciclo de los guerreros shuar? La visión de bebés de yuca, que es una visión de víveres, ¿no irá unida, en lo real, a una privación de los mismos?

> Antiguamente –dice el mito– no había yuca ni otras sementeras. La gente se contentaba con hojas de *unusï* (una especie de *Araceae*). En esa época, mucha gente moría de hambre. Como la gente sufría con la hambruna, un buen día se dijo: "Vayamos al arroyo a atrapar cangrejos". A medida que los atrapaban, avanzaban a lo largo del curso del arroyo y acabaron por encontrar una mujer que lavaba camotes, taro, yuca y maní. Esa mujer era Nunkui[211].

Hojas de *arum* y pequeños cangrejos planos, que escapan de las crecidas deslizándose entre las rocas, no son sino una ilusión para engañar su hambre[212]. El arroyo parece más bien un camino entre el hambre y la visión de la opulencia: camotes, yuca, taro y maní. Vivir, se reduce aquí a la función biológica inmediata de alimentarse. El hambre tiene por correspondencia, en el imaginario, la alimentación. Los Shuar afirman la irreductibilidad de esta conjunción diciendo que el alma de vida, la *nekás wakanï*, liberada del cuerpo humano por la muerte, «siempre tiene hambre»[213]. En el cuadro de nociones shuar y occidentales, a la altura de las representaciones elementales de la reciprocidad positiva, el hambre, en el mundo real, va unido a una visión de víveres, en

---

[211] *Ibíd.*, p. 67.

[212] Los cangrejos de los ríos andinos no son como los cangrejos con caparazón, redondos y sabrosos, sino que son más bien cangrejos planos y pequeños en los que no parece quedar mucha carne.

[213] *Ibíd.*, p. 132.

el mundo imaginario. Y se puede presumir que la saciedad acarrea la borradura de esta visión; del mismo modo como la conciencia de muerte unida al asesinato real, acarrea la borradura del alma de asesinato.

Otro mito nos muestra el pasaje de la imagen, de lo real a lo simbólico; mito fundador de la reciprocidad positiva por la invitación y la fiesta. Ya hemos comentado en otro estudio[214] un mito similar, en el cual el arte de la cerámica es la imagen del génesis dicho por las mujeres. Los Shuar añaden:

> En los viejos tiempos, había dos huérfanos, un chico y una chica, que rompieron una vasija. La mujer dueña de la vasija les pegó y ellos se escaparon llorando hacia la selva. Después de un tiempo, encontraron una pista o, al menos, algo que se le parecía. Sobre la pista, encontraron a Nunkui que cavaba para encontrar arcilla. Ella les dijo: "Soy Nunkui y yo le doy su alimento a la gente. Les voy a enseñar una canción. Cántenla, ya que son huérfanos, y fabriquen vasijas. Tomen esta arcilla y cuando estén de regreso en casa, hagan vasijas". Los niños la obedecieron y se encontraron capaces de hacer todo tipo de vasijas que no se rompían cuando las cocían. Antes hubieron muchas vasijas, cierto, pero siempre se rompían con el fuego[215].

La cerámica, de la que disponen los niños, sólo tiene un valor de uso. Además, se les rompe. La dueña de la cerámica los echa. Como en el mito precedente, descubren una pista, apenas perceptible. La conjunción con Nunkui es una conjunción casi secreta. Ahora bien, el mito enseña otra cosa: la verdad de Nunkui: «*Yo soy Nunkui*». Nunkui no es la arcilla escondida. Nunkui está más allá de esta correspondencia material. Ella es un canto, una palabra femenina. «*Le doy su*

---

[214] Ver D. Temple, «El sello de la serpiente», *La revue de la Céramique et du Verre*, n° 64 «El arte cerámico shipibo», Vendin-le-Vieil, 1992.

[215] Harner, *op. cit.*, p. 69.

alimento a la gente. Les voy a enseñar una canción». Ese canto es un himno de la vida espiritual que va a dar a sus niños huérfanos (huérfanos de la naturaleza, ¡pero pareja humana! *dos huérfanos: un niño y una niña*), una fecundidad superior a la de los otros: el espíritu del don.

Los niños obedecieron y se vieron capaces de hacer todo tipo de vasijas que no se rompían cuando las cocían. Ya de mayores, su casa fue abundantemente decorada con vasijas; tuvieron excelentes huertos y mucha gente les encargaba vasijas. Los cultivos de los huérfanos prosperaron, sus gallinas y chanchos se multiplicaron más que los de todos los demás y enseñaron a otros la canción que se utiliza aún hoy para impedir que las vasijas se quiebren en la cocción[216].

La vasija material, que se rompe porque es de arcilla natural, se convierte en una vasija que jamás se rompe; no porque Nunkui les haya enseñado un modo de cocción excepcional, sino porque regaló a los huérfanos un canto de alma, un himno espiritual. La vasija, de ahora en adelante, será un cáliz de ese canto[217]. Está llena del espíritu del don. El don, del espíritu del don, es la verdadera maternidad: *«y enseñaron a otros la canción»*... Dicho esto, ¿podemos, ahora, entrar en la comprensión del mito shuar precedente?

(...) Esa mujer era Nunkui. En este lugar había muchas Nunkui. La gente les pedía de comer, porque no tenían ni alimentos ni fuego. Una de las Nunkui tenía una niña muy gorda. Ella les dijo: "Tomen esta niña, es de yuca". Pero añadió: "No hay que pegar a mi niña, sino todo

---

[216] *Ibíd.*, p. 69.
[217] La cerámica sirve para la fermentación de la chicha (el *masato*), que se ofrece sistemáticamente como signo de alianza.

desaparecerá. Y, sobre todo, no la dejen sola en casa; llévenla siempre consigo[218].

Nunkui habla en singular, si bien hay varias Nunkui en ese lugar, allí donde la conocieron por primera vez. La palabra, en efecto, es la actualización de un Tercero que, de todas maneras, no podría auto-proferirse. La reciprocidad, por tanto, es una condición del Yo. Para Nunkui, representante, en el mundo imaginario, del ser que nace de la reciprocidad de dones, no hay palabra, a no ser con la condición de que el diálogo la pueda alimentar. De igual modo, las mujeres dicen que sólo hay *una* Nunkui en la huerta, pero también que *las* Nunkui vienen a bailar en la noche a su huerta si los sitios de danza son bien mantenidos[219]. *Una* Nunkui es el Tercero que habla en ellas en singular. Ya es su ser propio:

Soy una mujer de Nunkui;

Y es por ello que yo canto

Para que la yuca crezca bien[220].

El mito reproduce, en el orden de la palabra, las condiciones originales del ser humano entendido como ser hablante. De ahora en adelante, ya no serán las visiones de hambre y saciedad las que originen una potencia de ser, sino que será esta potencia de ser la que tome la palabra y dé sentido al trabajo humano. Lo que está en juego es la fundación del sujeto de la palabra, la fundación de cada mujer como fuente, como Verbo, al decir de Leenhardt, ya no como mera procreadora de vida biológica, sino como madre de humanidad.

---

[218] *Ibíd.*, p. 67.
[219] *Ibíd.*, p. 66.
[220] *Ibíd.*, p. 116.

La maternidad es esta imagen en la que no se puede disociar el trabajo de la matriz, del trabajo del recién nacido. El mundo simbólico se desprende del mundo imaginario, pero, al mismo tiempo, sigue siendo alimentado por él. El mito se desarrolla como génesis de la Palabra. Y uno no se sorprenderá de escuchar el eco de otros mitos fundadores.

> La gente llevó a su casa a la niña que se llamaba Ciki. La madre de familia le dijo: "Haz que la yuca crezca aquí". E inmediatamente hubo un montón de yuca en la casa. Y la mujer dijo: "Quiero una huerta". El bebé dijo: "Que surja una huerta". Y, de golpe, apareció una huerta con toda clase de plantas comestibles. Luego la mujer dijo: "Y, ahora, quiero una gran jarra para hacer chicha". Y de repente hubo un gran número de jarras para hacer chicha. Después la mujer añadió: "Quiero que dos de estas jarras estén llenas de chicha". Y al instante dos jarras se encontraron llenas de *chicha*[221].

La huerta shuar es como el jardín del Edén marcado por una prohibición. Esta interdicción concierne a Ciki: «*No os separareis de Ciki*», y el mito precisa en qué consistiría lo peor: en «pegarla». *Pegarla* ¿nos reenvía acaso a la reciprocidad negativa?

> Esa gente llevaba a la pequeña a todas partes, como Nunkui les dijo que lo hicieran. A medida que la pequeña crecía, también crecían los niños de esa gente. Entonces, un día, la mujer fue a trabajar en la huerta y dejó que sus niños se ocupasen de la pequeña. Uno de ellos le dijo al bebé: "Quisiéramos ver serpientes y boas constrictor". E inmediatamente, llegaron numerosas serpientes y boas; luego se fueron. Después, uno de los niños dijo: "ahora quiero un demonio (*iwanci*). Enseguida vinieron muchos demonios. Entonces otro de los niños le dijo a la pequeña:

---

[221] *Ibíd.*, p. 67-68.

171

"¿Por qué hiciste venir serpientes y demonios?" Y le arrojó cenizas a los ojos. La pequeña se puso a llorar. Luego el otro niño le dijo: "Ahora quiero un mono disecado con su cabeza" (...). Numerosos monos y otros animales aparecieron, pero sin cabeza. Como ninguno de los animales tenía cabeza, el niño se puso a pegar a la niña, mientras que el otro siguió echándole ceniza a los ojos[222].

En la selva, las serpientes son el peor enemigo del hombre y la boa constrictor no es otra que la anaconda: la encarnación de Tsunki. Los *iwancï* son demonios salidos de los Espíritus de la venganza, los *muisak*. La última figura nos parece que es la de los mismos *muisak*, ya que el niño insiste en el cuerpo *disecado* de un mono *con su cabeza*. ¿por qué quiere esa cabeza?[223]. El niño pretende ver un *iwancï* como si quisiera obtener su primera alma *arutam*; luego, quiere hacerse del Espíritu de la venganza, es decir, de un *muisak*. Estas figuras parecen, pues, una evocación de la reciprocidad negativa.

¿Qué significa entonces la prohibición? Ciertamente atañe a la reciprocidad negativa, pero, ante todo, se trata del

---

[222] *Ibíd.*, p. 68.

[223] Los Shuar, para fabricar el asiento del *muisak*, cuando la iniciación de los jóvenes en las incursiones guerreras, utilizan la cabeza de un folívoro (perezoso, p. 84-85). Otras veces reemplazan el ciclo guerrero por un ciclo ficticio en el que el perezoso toma el rol del guerrero enemigo («El perezoso es la única criatura no humana que puede dar vida a un *muisak* (...) su extrema lentitud es la prueba de que ha perdido su o sus almas *arutam* y que por lo tanto se puede matar» p. 131) (tal vez una tentativa de apropiación individual del ciclo generador del *muisak*). Como quiera que fuese, Harner propone otra interpretación: «el cerebro de las cabezas de mono son una comida muy apreciada por los Jíbaros». En esta hipótesis, ¿por qué el narrador necesita precisar que el niño quiere un cadáver *secado*? Entre los Shuar, los despojos y el cerebro se consumen sobre el sitio o inmediatamente después de la caza, ya que la humedad y el calor de la selva amazónica provocan su descomposición inmediata. El niño quiere una cabeza secada para decir que no la quiere para comerla sino para el *muisak* que contiene; y no hace diferencia entre el mono y el perezoso.

hecho de separarse de Ciki: de separarse del Tercero («*Nunca la dejen sola en casa*»). Nunkui confió el Tercero de la reciprocidad, es decir la niña, a los padres. Estos dejaron a Ciki con la custodia de sus niños, por lo que no se puede decir que la abandonaran. El mito precisa que la confían a sus hijos, ya grandes, para cuidarla. No son, pues, los padres los que transgreden la prohibición, sino sus hijos (que pegan a Ciki). La «falta» ¿se habría desplazado a los niños? ¡Pero la infancia es el signo de la inocencia! El mito sigue insistiendo en la infancia («*uno de los niños le dijo al bebé*»). Por otra parte, es claro que *juegan* con Ciki.

Pero, entonces, ¿qué significan esta prohibición y esta transgresión? Y ¿por qué los niños reemplazan a sus padres? ¿es porque el juego sustituye a la falta? El bien, para los Shuar, no es la reciprocidad positiva en relación a la reciprocidad negativa, o viceversa (dicho en categorías occidentales, no es ni el bien ni el mal). ¿Sería el bien la separación de lo que el niño confunde por juego, ya que antes de que la niña los convoque, los demonios estaban separados del espíritu de la huerta?

Pero he aquí que esta confusión a lo mejor es necesaria, para que el niño pase de la época en la que el ser era recibido, a aquella en la que el ser será producido. El mito shuar encara una transformación progresiva del ser humano por mediación de la infancia. La humanidad nace en la muerte y la vida, nace en las condiciones de la naturaleza. A continuación el juego y, como enseguida se verá, la pena, permiten el pasaje al Yo.

Había muchos bambúes *guada* cerca de la casa; de pronto, como si hiciera mucho viento, empiezan balancearse hasta rozar la casa. Finalmente, caen aplastados sobre la casa; la pequeña agarró un bambú. Entre tanto, la yuca de la huerta desapareció bajo tierra y las mujeres regresaron apuradas. En ese momento, la pequeña se había instalado en el interior de un bambú como si se hubiese sentado sobre un taburete. Las mujeres preguntaron qué había pasado, y los niños se lo contaron.

173

Entonces una mujer cogió un machete y se puso a golpear los bambúes para encontrar a la pequeña. Al fin, la vio y le dijo que trajera mucha yuca. Pero la pequeña sólo dijo "Ciki". E solo hizo crecer *ciki* (una planta maestra vomitiva). Nunkui dijo: "Les había dicho que no peguen a la niña. Ahora que la han pegado, tendrán que sufrir mucho". Entonces toda la huerta y los senderos desaparecieron bajo tierra. Es por esta razón que hoy ponemos piedras en la huerta; porque esas piedras rojas se aparecen en sueños a las mujeres como pequeños niños. Y así le damos niños a Nunkui[224].

El nacimiento de la fuerza de ser, en la reciprocidad positiva, requiere las mismas condiciones que en la reciprocidad negativa: la coexistencia de conciencias antagónicas, gracias a la aceleración del ciclo, que hemos llamado *fuga-persecución* en el ciclo del guerrero. Es una carrera de persecución la que permitirá a las mujeres volver a atrapar a Ciki. La visión de los víveres, debida al hambre, ha de ser encontrada antes de que la yuca haya desparecido bajo tierra. Los Shuar lo dicen de manera precisa: *la yuca de la huerta desaparecía bajo tierra: entonces las mujeres volvieron apuradas.* Este apuro es tan constitutivo del ciclo, tan preeminente, que los Shuar lo sitúan incluso antes de que las mujeres sepan, por los niños, lo que había pasado[225].

Ciki es la fecundidad de la huerta. Como visión de la abundancia, desaparece pues de la conciencia de las mujeres que van a la huerta. Pero el hambre, que va unida a la visión de víveres, no debe desaparecer y ceder a la saciedad definitiva. Cuando la yuca comienza a desaparecer bajo la tierra, aparece una nueva visión de Ciki (las mujeres la alcanzaron entre los bambúes). Una visión de abundancia

---

[224] Harner, *op. cit.*, p. 68.

[225] ¡Una inversión que pone en aprietos una interpretación funcionalista de la persecución de Ciki!

sigue a la desaparición de la huerta, antes de que el recuerdo de la primera haya desaparecido, de suerte que el ciclo de la abundancia y de la carestía es la sede de una conciencia de conciencia: del sentimiento del ser y de la palabra.

Lo que busca la mujer que persigue a Ciki es la sede de esta conciencia de conciencia. En efecto, durante esta carrera, la niña *se instaló en el interior de un bambú en el que se sentó como en un taburete*. Para los Shuar, como en toda la Amazonía, el taburete es la sede del dueño de casa. Es, prácticamente, el único mueble shuar. Es ofrecido al visitante. Es pequeño y no permite comodidad alguna. En numerosas sociedades amazónicas, el taburete es símbolo de revelación, asiento de la *palabra de los orígenes*. Por ejemplo, entre los Guaraní, *Ñande Ru*, Nuestro Padre, «tomó asiento» (figurado por un pequeño taburete de madera similar al de los Shuar) aún antes de nombrar las cosas. Entre los Shuar, un hombre no tiene derecho a confeccionar un asiento sino después de haber realizado su primera reducción de cabeza[226]. El asiento está asociado a la adquisición del Espíritu de la venganza. Significa, nos parece, que la reciprocidad es la matriz de la potencia de ser y ello independientemente del hecho de que la reciprocidad sea positiva o negativa ya que, en el caso de Ciki, el taburete se convierte en el asiento de la potencia de ser obtenida por la reciprocidad positiva.

El mito añade, a este recuerdo de los orígenes, otra enseñanza. Parece que la reciprocidad positiva precede a la reciprocidad negativa. Los niños piden, jugando, que la reciprocidad se haga negativa (primero: los asesinatos reales, las serpientes; luego, los demonios, los *iwancï*; después, los Espíritus de la venganza, los *muisak*)[227]. Los *iwancï* vienen; pero

---

[226] *Ibíd.*, p. 85.

[227] El rol del juego, entre la reciprocidad positiva y negativa, nos reenvía al psicoanálisis, que mostró que el niño adquiere su conciencia de ser humano

se van. Los niños, entonces, no los atrapan para adquirir un alma *arutam*. Después, Ciki sólo les concede cadáveres sin cabeza y cuerpos de animales desecados, pero no las *cabezas*. El juego no es, entonces, la vida. El niño juega y confunde la reciprocidad positiva y la reciprocidad negativa ya que las une con un solo objetivo, su potencia como poder. Pero el goce verdadero está en otra parte: está *más allá*. El niño se asombra, luego se hace más agresivo contra Ciki. El juego se hace amargo. Ciki es una niña de yuca, pero de yuca que hace vomitar[228]. Ciki, por tanto, es el nombre mismo de lo amargo. Las mujeres preguntaron qué había pasado y los niños se lo contaron. Una mujer cogió un machete y se puso a golpear los bambúes. La mujer encontró a Ciki a tiempo, pero Nunkui dice que, desde ahora, para tener una huerta habrá que sufrir, habrá que cultivarlo luchando contra las hierbas y las enfermedades. La imagen de la yuca amarga es sugestiva: la mujer, a fuerza de trabajo, tendrá que molerla en un *tacú* y lavarla, con cuidado y abundante agua, a fin de separarla de su veneno.

Cada vez que la mujer primitiva pedía algo a Ciki, su deseo quedaba inundado por la sobreabundancia de bienes. En vez de una yuca, toda una casa llena de yuca; en lugar de carne, una gran cantidad de carne ya ahumada; en vez de una huerta, una huerta llena de todas las especies de plantas deseables, pero esta abundancia encerraba la alegría de la palabra en el goce material. El objeto imaginario, que debe servir de relevo al deseo, lo ahoga por su generosidad. La afirmación del Tercero, en la bendición del don, confunde la felicidad sobrenatural con el placer de la vida natural. La

---

por el juego, un juego que hace intervenir en la reciprocidad madre-hijo una forma de agresividad.

[228] Los Shuar conocen dos tipos de yuca, la yuca dulce y la marga, rica en ácido cianhídrico, que es un veneno mortal y del que se desembarazan mediante el lavado.

huerta es el encierro de la vida del espíritu en el mundo imaginario del don. Los niños invitan la reciprocidad negativa como para relativizar la vida, no para reemplazarla. En el juego, la reciprocidad negativa no se hace real, sólo amenazante.

¿Qué significa la relativización de la reciprocidad positiva por la reciprocidad negativa? La serpiente es la mordedura de la muerte, la muerte amiga, amiga no del animal humano, sino del ser humano. La anaconda libera a la mujer de la huerta donde el ser está encadenado al goce del don. En la danza de las fiestas *tsantsa*, la mujer se agarra de la cintura del hombre. Se dice que el espíritu de la venganza, que habita en él, se trasvasa hacia ella, ¡pero ahí también encuentra el espíritu del don!

> (…) el *muisak* emite cierta potencia, pero esta potencia, se dice, es transmisible directamente a otra gente. El hombre que ha tomado la cabeza tiene el *tsantsa*, como en el aire, en el curso de la danza ritual, mientras que se le apegan los dos parientes a los que trata de aventajar, generalmente su mujer y su hermana. De esta forma, el poder *muisak* es transmitido a las mujeres por el "filtro" del cazador de cabezas; lo que, se dice, les permite trabajar más duro y tener más éxito en las cosechas y en la crianza de animales domésticos; dos ámbitos de responsabilidad esencialmente femeninos en la sociedad jíbaro[229].

La danza permite el pasaje, de la potencia de ser, de un individuo a otro, así como entre los guerreros y entre estos y las mujeres, en las que se convierte en potencia de vida, en fecundidad, en habilidad en el trabajo de la huerta. La potencia de ser es la misma potencia, tanto para el guerrero como para la mujer. La danza de los guerreros es también la de las mujeres, pero la de las mujeres es, asimismo, la de

---

[229] Harner, *op. cit.*, p. 130.

Nunkui, ya que Nunkui exige que se carpa las plantíos de yuca para que ella pueda danzar alrededor de ellas y hacerlas crecer. Tanto el imaginario del don, como el de la venganza, son cómplices en el provecho de lo que emana de la estructura de reciprocidad propiamente dicha. La danza es una manifestación de la energía espiritual; el canto y la danza son manifestaciones de lo sobrenatural; son las primeras invenciones del ser. Es más: el canto incluso es creador; es un himno de humanidad.

Conclusión

La reciprocidad negativa entre los Shuar

Las almas, joven y vieja de asesinato, representan las dos conciencias antagónicas de la vida-por-asesinato y de la muerte-por-asesinato. Cada una está unida a un acto real, que es su contrario; para la conciencia de vida: el sufrimiento de la muerte, y para la conciencia de muerte: el acto del asesinato. De la contradicción de los dos movimientos inversos: del alma de asesinato que desaparece y del alma de asesinato que aparece, nace un sentimiento de sí mismo: el sentimiento de su ser. Ahora bien, entre esos dos movimientos se encuentra un espacio *contradictorio* (el *contradictorio* teorizado por Lupasco) ocupado por un sentimiento puro: un sentimiento de absoluto, de eternidad, de energía espiritual, que los Shuar llaman *kakarma*. El ser Shuar, pues, es el ser-para-la-reciprocidad-de-venganza.

Así pues, lo que quiere el Shuar, no es la muerte, ni siquiera la venganza; es una *relación de reciprocidad*, una reciprocidad de asesinato que le asegure su *kakarma*. Incluso las sociedades más desfavorecidas no se reducen a la mera vida biológica. Si no pueden modificar los peores apremios: los del rapto, el pillaje, el asesinato, los utilizan para la generación del ser, incorporándolos a la reciprocidad. El ser humano está dispuesto a sacrificarlo todo para ser. Aunque tenga que pagar su ser con la muerte, aceptará el precio.

Se puede sugerir una correspondencia entre los dos sistemas de reciprocidad, positiva y negativa. Del mismo modo, como el ciclo de reciprocidad positiva se descompone en tres obligaciones: dar, recibir y devolver, así también el ciclo de reciprocidad negativa se desglosa en tres obligaciones: morir, vengarse y volver a morir. Hay, pues, obligación de recibir, en el ciclo del don, y obligación de matar, en el ciclo de venganza. En un caso, el asesino *pierde su alma*, en el otro caso el donatario *pierde la cara*. Del mismo modo como el asesinato exige la venganza del otro, así también el donatario exige que el donante reciba a su vez. Igual que en el ciclo del don, las tres obligaciones están ligadas entre sí, ya que son las manifestaciones de la reciprocidad positiva, matriz del *mana*; del mismo modo las tres obligaciones de la dialéctica de la venganza no hacen sino una, ya que son las manifestaciones de la reciprocidad negativa, matriz del *kakarma*. *Mana* y *kakarma* son, en el corazón de toda conciencia de conciencia, la potencia del ser.

Tantas veces como se reproduzcan los ciclos de la reciprocidad positiva y negativa, tantas veces más se redoblará el valor. En ambos casos, la reproducción del ciclo es la que aumenta el ser social y no la importancia de la redistribución o de la muerte. En los dos casos, el valor se representa en objetos y conduce a una moneda de renombre.

Los dos poderes, salidos de la reciprocidad positiva y negativa, se corresponden: un gran guerrero realza su honor, en relación al otro, en ciclos de venganza, pero respecto a los suyos, lo realza en ciclos de dones. De este modo se explica la asombrosa facilidad con la cual los Shuar pasan de una forma de reciprocidad a otra y perciben inmediatamente los valores de cada una de ellas.

El chamán se distingue, del jefe o del guerrero, en que se refiere al poder de la palabra antes que al poder del acto. Por el poder reconocido a la palabra, puede interpretar tanto los acontecimientos de la naturaleza como los acontecimientos humanos.

Como la reciprocidad positiva, la reciprocidad negativa permite a las conciencias contradictorias confrontarse entre ellas mismas, iluminarse recíprocamente y darse sentido; luego, neutralizarse, cegarse recíprocamente, para dejar emerger, a partir de su energía común, una conciencia de sí misma, una conciencia de conciencia, un sentimiento que, al mismo tiempo, se reconoce en una primera imagen, en un rostro, en el rostro del ser humano. Ahora bien, ella tiene el privilegio de autorizar una distinción entre el ser de la reciprocidad y la conciencia de cada asociado del ciclo.

– ¿Donante-donatario?

– ¿Moribundo-asesino?

Los dos sistemas de reciprocidad, con mundos imaginarios diferentes, permiten al ser humano acceder al sentido y a la libertad del ser. Sin embargo, no es la misma persona la que está al principio del ciclo y la que, en la reciprocidad negativa, recibe el alma de la venganza, ya que el activo es el asesino y su víctima la que recibe un alma de venganza, mientras que, en el ciclo de los dones, el donante es el activo y el que al mismo tiempo recibe el alma de prestigio. Así, pues, la reciprocidad negativa tiene este privilegio: permite la distinción entre el Tercero de la relación de reciprocidad y su representación en el mundo imaginario.

La conjunción de contradicción asocia lo real y su contrario en el mundo imaginario. Una conjunción tal está unida, por la reciprocidad, a la conjunción inversa. El pasaje, de la una a la otra, hace surgir un movimiento dialéctico con un sujeto y un objeto. Ahora bien, su mutua relativización engendra un Tercero, que es otro Sujeto: el Sujeto de la palabra. Para los Shuar, el Tercero es el auténtico Sujeto. El sujeto de la conciencia no tiene presencia real, a no ser que sea habitado por el Tercero, el Otro, que reproduce, por la palabra, sus condiciones de existencia. La palabra reconstruye las moradas del ser, no ya sobre la tierra, sino en el cielo, liberadas de la vida y de la muerte inmediata: ella moviliza ciertamente asesinatos y muertos, pero disociados del hombre. El hombre no sacrifica más su existencia, como precio para acceder al Otro. Acepta la mortificación y rehúsa la muerte. A su vez, el sufrimiento tiene un rol positivo: libera al hombre de la obligación de pagar con la vida y la muerte su existencia de ser humano. El sufrimiento libera de la impotencia. Pero es necesario para relativizar el goce. El sufrimiento contiene en su seno el goce del devenir más humano. Por ello, los Shuar no temen ni la muerte ni el sufrimiento, ya que los aceptan como liberaciones de la naturaleza.

El Tercero habla pero sus palabras son todavía asesinatos eficientes, ya que deben relanzar la dialéctica guerrera: es a condición de convertirse en poderosos *kakaram* que los Shuar se hacen chamanes. El Tercero habla, pero ordena a las mujeres carpir los plantíos de yuca para ofrecer bellos claros de danza a Nunkui, ya que es a condición de tener mucha yuca y distribuir mucha chicha que las mujeres se convierten en mujeres de Nunkui. De todos modos, los chamanes reciben su poder de lo sobrenatural: del Mito, de Tsunki. Las mujeres, asimismo, reciben su poder de Nunkui. El Tercero es Tsunki, el chamán mítico que disemina la potencia de asesinato, dotando a los chamanes de espíritus-servidores. El Tercero es también Nunkui, que manifiesta su fecundidad por el sueño de las piedras rojas.

La precisión de la relación etnográfica de Harner nos ha permitido esbozar una interpretación de la reciprocidad negativa y de su unión con la reciprocidad positiva. Ahora bien, estos principios, en vigor entre los Shuar, se encuentran también en otras sociedades. Por ejemplo, ya Malinowski descubría, en las islas Trobriand, estructuras análogas. Se puede aproximar las díadas de *amigri* a las díadas constituidas por los asociados de la *kula uvalaku* (la gran ronda de la reciprocidad inter-tribal de los Trobriandeses), relaciones que necesitan también formalidades excepcionales y que, una vez selladas, deben durar toda la vida. Entre los Trobriandeses, los dos asociados, que se llaman entre sí *muri-muri*, están ligados cada uno a otro asociado, a manera de constituir cadenas de reciprocidad gracias a las cuales los dones circulan sobre vías paralelas pero de sentido inverso. Sin duda, las relaciones de amistad también eran capaces de prevalecer sobre las relaciones de reciprocidad negativa, ya que Malinowski anotaba:

> Por otra parte, el asociado de ultramar es el huésped, el protector y aliado sobre una tierra donde la sensación de peligro e inseguridad es grande. En nuestros días, aunque la aprensión persiste y los indígenas no se sienten nunca cómodos y a salvo, lejos y fuera de casa, es más bien un peligro de orden mágico el que temen y los obsesiona el temor de la hechicería desconocida. Antes, temían peligros más reales y el asociado representaba la mejor garantía de seguridad[230].

Los chamanes sucedieron a los guerreros de un modo bien visible, pero he aquí que la amenaza acecha siempre y se la debe afrontar: felizmente, la reciprocidad total de los *muri-muri* es un salvoconducto eficaz en territorio enemigo.

Las descripciones del gran etnógrafo establecen la alternativa de reciprocidad positiva y reciprocidad negativa en la geografía, la historia, los ritos y mitos trobriandeses. Retendremos el mito del origen de la sociedad trobriandesa en el que intervienen tres personajes que Malinowski nos hace encontrar en el curso de esta bella descripción de su viaje:

---

[230] Malinowski (1922), 1963, *op. cit.*, p. 150.

Pronto llegamos a la altura de dos roquedales negros de formas bien definidas: una oculta a medias por la vegetación, la otra en pleno mar, en el extremo de la estrecha lengua de arena que las separa. Son Atu'a'ine y Aturamo'a, dos hombres petrificados, según la tradición mítica (...). Después de haber dejado Sarubwoyna y contorneado los promontorios de las dos rocas, llegamos delante de la isla de Sanaroa, una vasta planicie de coral que se extiende ante la vista, con una cadena de volcanes en el lado occidental. (...) Al norte de Sanaroa, en una de las calas expuestas a las mareas, se encuentra una piedra llamada Sinatemubadiye'i, que en otro tiempo fue una mujer, la hermana de Atu'a'ine y de Aturamo'a, que llegó aquí con sus hermanos y fue petrificada antes de la última etapa del viaje. Ahora, no importa de donde vengan las canoas de las expediciones *kula*, todas se detienen para ofrecerle ofrendas[231].

Sinatemubadiye'i decidió instalarse en una isla y los dos hermanos fueron a buscar alimentos. Aturamo'a miró hacia la jungla, Atu'a'ine hacia el mar. La jungla que no permitía ni riqueza ni don, el mar que proveía de todos los víveres; de hecho, son dos tipos de islas. Por un lado, las islas volcánicas, con montañas escarpadas, de acantilados abruptos, de muy difícil acceso a la navegación. Por otro lado, las islas coralinas, planas, en las que la agricultura podía prosperar y la pesca era más fácil. El mito dice que Aturamo'a fue atraído por el asesinato, la venganza, el canibalismo, mientras que su hermano fue «bueno» y prefirió merecer el reconocimiento del otro por el don, la invitación y la fiesta.

Así, pues, la reciprocidad positiva y la reciprocidad negativa parecen haber surgido como alternativas. Pero, he aquí que los ritos celebran con insistencia el triunfo de la reciprocidad positiva sobre la reciprocidad negativa.

---

[231] *Ibíd.*, p. 102.

Es una regla aceptada que los Trobriandeses sean acogidos con demostraciones de hostilidad y de furor, y que se los trate como a intrusos. Pero esta actitud cambia del todo una vez que los recién llegados han escupido ritualmente sobre la aldea. He aquí algunos dichos de los indígenas muy típicos a este respecto: "el hombre Dobu no es bueno, como nosotros; es feroz, es un comedor de hombres. Cuando venimos a Dobu, le tenemos miedo, puede matarnos. Pero, entonces, yo escupo la raíz de jengibre encantada y su ánimo y predisposición hacia nosotros cambian: Dejan sus lanzas, nos reciben bien"[232].

Las dos formas de reciprocidad pueden coexistir así, cada una en su dominio propio, lo que explica la asociación muy común de jefes políticos y de hechiceros tiradores de suertes maléficas, ya que todo es bueno para hacer que surja el ser. Más vale que las relaciones hostiles sean integradas a la reciprocidad y que sean humanizadas, antes que abandonadas a la naturaleza y de esta forma autorizadas a empujar al hombre hacia la animalidad.

En fin, la guerra puede nacer, paradójicamente, del don. Cuando el donante es demasiado generoso y somete sin apelación a su asociado, no le deja otra solución que la de ponerse del lado de la reciprocidad negativa para no perder todo acceso al honor. La magia negra no es sólo patrimonio de las sociedades de reciprocidad negativa; quizá ella es un recurso en las sociedades de reciprocidad positiva. Esta alternativa permite aclarar el hecho de que el hechicero sea lo inverso del jefe, su otra cara, y que, como él, también tenga competencias. Su coexistencia puede explicar el trastorno de orientación de la sociedad entera, sin que ésta sea desorganizada o destruida.

Este trastorno puede ilustrarse con la transformación de los Trobriandeses de la Isla Dobu, de donde, antaño «se

---

[232] *Ibíd.*, p. 409.

lanzaban audaces y feroces expediciones caníbales y de cazadores de cabezas, para gran terror de las tribus vecinas»[233]. Esos Trobriandeses, pues, de gran renombre en la reciprocidad negativa, pudieron trastocar el orden de sus valores y convertirse, de golpe, en «uno de los eslabones principales de la *kula*» (la reciprocidad positiva)[234].

Los guerreros se convierten en redistribuidores, y agricultores pacíficos en guerreros temibles, sin tener que pasar largos períodos de aprendizaje de un nuevo código de valor; este cambio se debe a que obedecen a una misma pasión: ser. Y el ser es la razón de una sola y misma estructura de reciprocidad, ya se exprese ésta por la muerte o por la vida.

La historia reciente de los Shuar y de la fundación del primer Consejo interétnico, el gran Consejo Aguaruna-Huambisa, que expresa la alianza de todas las comunidades Awajun y Wampis del Perú, antes enemigas, ilustra, a su vez, esta evolución histórica. Antes, los Shuar ahuecaban troncos de árbol para fabricar largos tambores, que disponían cerca del río para que éste llevara lejos el ruido sordo que anunciaba el ataque de un enemigo. Los Shuar siguen ahuecando troncos de árboles, pero, hoy, el mismo golpe de tambor anuncia la llegada de los amigos...

*

---

[233] *Ibíd.*, p. 96.
[234] *Ibíd.*, p. 97.

III

LA RECIPROCIDAD SIMÉTRICA EN LA ANTIGUA GRECIA

INTRODUCCIÓN

En la antigua Grecia, se recibía al extranjero con regalos, fiestas, juegos[235], incluso a desconocidos como Ulises que naufragó en las costas de Feasia. Su anfitrión, Alsinoo, levanta un impuesto para financiar los parabienes de la hospitalidad con que lo colma. Con todo, desde la más remota antigüedad otros comercios incrementaban la circulación de regalos. Según Polanyi[236], ya en los tiempos de la Babilonia de Hammurabi, mucho antes del mercado creador de precios por la oferta y la demanda (*market*), el comercio a larga distancia, que hacía la reputación de asirios y fenicios, era un sistema de relaciones de «intercambio sin mercado», de tasas fijas (*trade*), integrado en definitiva al sistema de reciprocidad.

Polanyi define tres formas de integración económica: la *reciprocidad*, la *redistribución* y el *intercambio*. Las dos primeras se caracterizan por una estructura de simetría, bilateral para la una, centrada para la otra. Hoy es posible conectar estas dos estructuras a los dos principios de las más viejas organizaciones sociales: el principio dualista y el principio de la sociedad a «casa» de Lévi-Strauss[237], y más profundamente aún a las dos modalidades de la función simbólica subyacente: *los principios de*

---

[235] Finley nos recuerda que la palabra griega *xenos* significaba tanto *extranjero* como *huésped*. Cf. Moses I. Finley, *The World of Odysseus* (1954), trad. francesa: *Le Monde d'Ulysse*, Paris, Maspero, 1983, p. 123. Finley mostró que, en el mundo de Ulises, no es sólo la vida material de la comunidad, el *oikos*, la que está organizada por las obligaciones del don, de la reciprocidad y del compartir, sino las relaciones a gran escala, «lo que hoy llamamos las relaciones internacionales o diplomáticas». (*Ibíd.*, p. 80).

[236] Karl Polanyi y C. Arensberg, *Trade and Market in the Early Empires, Economics in History and Theory* (1957), trad. fr. *Les systèmes économiques dans l'histoire et dans la théorie*, Paris, Larousse, 1975.

[237] Ver Lévi-Strauss, « La notion de maison », *Paroles données*, Paris, Plon, 1984, p. 189.

oposición y de unión. Polanyi se refiere a la idea de Malinowski de un antagonismo entre el don y el intercambio: la redistribución y la reciprocidad implican un lazo social; mientras que el intercambio se desarrolla con la competencia en el mercado, con la única preocupación del interés de cada uno.

Historiadores como Fernand Braudel criticaron esta distinción entre comercio y mercado. En toda forma de comercio, dicen, la competencia es más o menos confesada, cualesquiera sean las normas sociales destinadas a dominarla o protegerla. Pero queda la idea de Polanyi: todas las civilizaciones practicaron, durante milenios, reciprocidad y redistribución a las cuales se sometía el mismo intercambio. Sólo el mundo occidental y, además, en los tiempos modernos, trastocó esa relación y dio preferencia al intercambio. Ya Mauss observaba: ninguna otra sociedad, salvo la nuestra, está fundada en el intercambio comercial.

Cierto, todas las sociedades saben lo que es el intercambio, en el que cada uno busca beneficiarse para su ventaja. Pero, como los Trobriandeses que distinguían cuidadosamente la *kula* del *gimwali*, ninguna confunde la reciprocidad y el intercambio. La economía de intercambio no es la economía natural, como creyó Adam Smith, que veía en la aptitud humana a intercambiar, una extensión de la facultad de razonar. Aristóteles, por su parte, hacía proceder el *logos* de la reciprocidad y condenaba la economía de provecho, ya que ofendía a la naturaleza humana.

En la Grecia de Aristóteles, el intercambio está *integrado* a la reciprocidad bajo la forma de *equivalentes* definidos según las normas del consumo colectivo. Sin embargo, una nueva práctica, de tipo especulativo, nació de la habilidad de los piratas apátridas así como también del *ágora*, donde tenían lugar las asambleas políticas y militares, los procesos públicos, las fiestas, las procesiones y sacrificios, cuando se instaló en ella, en el *ágora*, un mercado de pequeños comerciantes y prostitutas. Los Griegos, pues, no ignoraron la lógica del provecho, recurso de aquellos que habían perdido su autarquía en la economía tradicional y, con ello, su título de ciudadanía. Es más, los Griegos incluso la favorecieron, ya que, a la postre, podía ser útil.

Hoy en día, los economistas tienen en cuenta las experiencias de la antropología y de la historia y ya no reducen toda la economía al intercambio solamente. Por ejemplo, Henri Guitton:

> La actividad económica es la forma de la actividad humana por la cual los seres humanos luchan por reducir la inadaptación de la naturaleza a sus necesidades[238].

Así, pues, es imposible limitar la economía griega sólo a la producción de *chremata*, es decir de valores de uso, y excluir los *agatha*, los valores de prestigio, los honores y las distinciones que, por no ser útiles o materiales, no por ello se revelan menos necesarios. Y no solamente que esos valores no implican la apropiación de medios de producción de bienes materiales, sino que pueden exigir que se renuncie a ellos.

Es, pues, imposible seguir ignorando los descubrimientos de Malinowski según el cual la reciprocidad ordena la producción de los bienes según la creación de lazos sociales, o de Radcliffe-Brown que ve en el don de víveres el modo de producir un valor moral. De este modo, pues, la economía política no está lejos de aunarse a la estética y la ética. Ahora bien, los Griegos fueron lo inverso de los modernos que tienden en todos los dominios de la vida a no reconocer como valor sino el valor de intercambio: en la Grecia antigua, *la teoría del valor económico era la del valor ético.*

Sin embargo, el valor creado por la reciprocidad, la *aretê*, se manifiesta tanto en el imaginario del don como en el de la venganza. La tentación de encerrar la noción de humanidad al mundo imaginario de los donantes más favorecidos o al

---

[238] Henri Guitton, *Économie Politique*, t. 1, Paris, Dalloz (1957), 1991.

imaginario del guerrero, conduce a una forma de propiedad contraria a la de la reciprocidad. Los Griegos debatieron sobre todas estas alienaciones. Opusieron a las dialécticas del don y la venganza la reciprocidad que llamaremos «simétrica».

Así, trataremos de mostrar que en la *Ilíada*, Homero da ventaja a la reciprocidad positiva sobre la negativa, y que en la *Odisea*, subordina ambas a la reciprocidad simétrica. Terminaremos este ensayo con Aristóteles que en la *Ética a Nicómaco* construye la teoría del valor de la reciprocidad simétrica.

1. DE LA RECIPROCIDAD POSITIVA A LA RECIPROCIDAD SIMÉTRICA EN LA *ILÍADA* Y LA *ODISEA*

1 - La *Ilíada*

Un rapto, el rapto de Helena, mujer de Menelao, es el pretexto para la guerra de Troya[239]. La injuria clama venganza. Homero nos recuerda así el principio de reciprocidad negativa: es necesario *sufrir* la muerte, es algo previo para tener derecho a una *fuerza de alma* que se escribirá en gloria cuando se traduzca en el asesinato de venganza. No es matar sino ser matado lo que le vale al ser humano su nombre o su alma. Tan exigente como el hambre, esta alma no para hasta transformarse en asesinato pero, al hacerlo, se

---

[239] Respeto à la traducción en francés de Homero, hemos recurrido a la versión de Paul Mazon, Paris, Les Belles Lettres, 1959 y a la traducción de Eugène Lasserre, Paris, Garnier, 1960, con algunas modificaciones. Utilizamos también la versión española de Luís Segalá y Estalella, Barcelona, Editorial Bruguera, (*Ilíada*, 1908, *Odisea*, 1910), reed. 1997.

desvanece y deja al hombre desprovisto a menos que el ciclo de la reciprocidad recomience.

Menelao, con ánimo de venganza, al ver al raptor de Helena, exulta «como el león hambriento que ha encontrado un gran cuerpo de cornígero ciervo o de cabra montés...»[240].

Paris-Alejandro, por haber consumido su fuerza de guerrero en el rapto de Helena, se encuentra desprovisto de fuerzas.

> Pero el deiforme Alejandro, apenas distinguió a Menelao entre los combatientes delanteros, sintió que se le cubría el corazón y, para librarse de la muerte, retrocedió al grupo de sus amigos. Como el que descubre un dragón en la espesura de un monte, se echa con prontitud hacia atrás, tiémblanle las carnes y se aleja con la palidez pintada en las mejillas[241].

Paris-Alejandro sabe que Menelao tiene derecho a la victoria. Evita la jabalina mortal; la espada de su rival se rompe; pero nada puede detener el destino:

> Menelao cógele por el casco, adornado con espesas crines de caballo, que retuerce, y lo arrastra hacia los aqueos, de hermosas grebas, medio ahogado por la bordada correa, que, atada por debajo de la barba para asegurar el casco, le apretaba el delicado cuello[242].

El acto de venganza le confiere al alma su plena medida; manifiesta su potencia, pero consumiéndola. Al final de la justa, sólo queda un vencedor que acaba de perder su alma en el último homicidio. Pero el guerrero no puede vivir sin alma. Si la finalidad de la reciprocidad negativa sólo fuese desear la

---

[240] Homero, *Ilíada* (III, 21-23).
[241] *Ibíd.*, (III, 30-33).
[242] *Ibíd.*, (III, 370).

paz, el hombre estaría feliz por haber terminado la guerra, pero ese no es el objetivo de la dialéctica de asesinato. Su objetivo es la mayor gloria, que procura el alma de venganza. Y, para ésta, la muerte es necesaria.

Pero ¿cómo puede el guerrero sufrir la muerte para adquirir una fuerza de alma superior si nadie puede vencerlo? El héroe de la *Ilíada*, Aquiles, no conoce más enemigos a su medida. Ahora será preciso que pueda vencerse a sí mismo. El poeta usa un artificio: reviste con las armas de Aquiles a su más fiel compañero, Patroclo, y cuando, en la confusión, se mata a Patroclo, el casco de gran visera de Aquiles rueda a los pies del troyano Héctor, que lo agarra inmediatamente.

Aquiles, que sufre su propia muerte a través de la de Patroclo, adquiere entonces un alma de venganza superior a la que ya simbolizaba su casco. Recibe de un dios, Hefaistos, forjador del cielo, nuevas armas que dan cuenta de esta fuerza vengadora, desde ahora sobrehumana. La lanza de Héctor no atravesará sino tres de los ocho espesores que tiene el escudo de Hefaistos… Y Aquiles mata a Héctor, con sus viejas armas, probando que su valor se sobrepasó a sí mismo. ¡Que dialéctica! Aquiles muere, mata y se mata… para ser.

Puesto que el *escudo* divino es el símbolo del renombre supremo, el de un hombre que al ya no tener un enemigo a su medida se iguala a los dioses, Homero pinta las escenas más ilustrativas de la reciprocidad griega. Pero, sorpresa, no se trata de venganzas, asesinatos o raptos recíprocos. Ni el rapto de Helena, ni la venganza de Menelao, ni la muerte de Patroclo o de Héctor se encuentran grabadas sobre el escudo divino, sino, más bien, el triunfo del don y de la redistribución: el triunfo de la reciprocidad positiva. En efecto, se ve en él, primero trabajadores, cosechadores, viticultores, pastores, alrededor de reyes que sacrifican a los dioses y preparan festines, redistribuciones generosas en un mundo campestre; luego, las ciudades donde se celebra la fiesta, la alianza:

En la una, se celebraban bodas y festines: las novias salían de sus habitaciones y eran acompañadas por la ciudad a la luz de antorchas encendidas, oíanse repetidos cantos de himeneo[243].

Sin embargo, es cierto que también se ven ejércitos:

La otra ciudad aparecía cercada por dos ejércitos cuyos individuos, revestidos de lucientes armaduras, no estaban acordes: los del primero deseaban arruinar la plaza, y los otros querían dividir en dos partes cuantas riquezas encerraba la agradable población. Pero los ciudadanos aún no se rendían y preparaban secretamente una emboscada[244].

El recurso a las armas se opone al rechazo del otro a compartir. La lección de los dioses estriba en fundar el valor político sobre la reciprocidad del don y no sobre la reciprocidad de venganza. La guerra no engendra un ciclo sin fin de asesinatos recíprocos. Tiene otro objetivo:

"Entregadnos la argiva Helena, con sus riquezas, y pagad una indemnización, la que sea justa, para que llegue a conocimiento de los hombres venideros". Así, dijo el Atrida, y los demás aqueos aplaudieron[245].

Una «composición» que lleva la venganza a la redistribución: la guerra, según el Atrida Agamenón, es convertible en botín. El poeta no discute que la reciprocidad de venganza funde el honor, pero limita esta reciprocidad al duelo y, al interior de ella, limita el alcance del duelo al

---

[243] Homero, *Ilíada* (XVIII, 491-493).
[244] *Ibíd.*, (XVIII, 509-513).
[245] *Ibíd.*, (III, 459).

renombre individual[246]. Al principio de la *Ilíada*, Paris acepta el duelo fatal con Menelao, pero la diosa Afrodita rompe la correa del casco, con la que Menelao arrastra ya el vencido, rapta a Paris y lo deposita, todo perfumado, en el lecho de Helena. Los dioses no aceptan que las relaciones políticas de las ciudades o de los pueblos sigan dirimiéndose por la reciprocidad negativa.

En la sociedad griega, que canta la *Ilíada*, hace tiempo que la reciprocidad positiva aventaja a la reciprocidad negativa y en ella, en la jerarquía de prestigio, se adquiere el rango por la competencia de dones, de fiestas y por la hospitalidad. Uno se ve honrado en proporción a su valor y los más grandes o los más hábiles redistribuidores heredan los mejores pastos o las más ricas tierras al mismo tiempo que son investidos de cargos y poder.

El rey de la rica Licia, Sarpedón, compañero de Glauco, conviene en que si uno es nombrado jefe, para asegurar la redistribución agrícola, también es normal que sea ubicado en primera línea para defender su territorio. El renombre adquirido sobre los campos de trigo se acrecienta en los campos de batalla.

> Glauco, ¿por qué a nosotros nos honran en la Licia con asientos preferentes, manjares y copas de vino, y todos nos miran como a dioses, y poseemos campos grandes y magníficos a orillas del Janto, con viñas y tierras de pan llevar? Preciso es que ahora nos sostengamos entre los más avanzados y nos lancemos a la ardiente pelea, para que diga alguno de los licios, armados de fuertes corazas: No sin gloria imperan nuestros reyes en la Licia, y si comen

---

[246] Un troyano, por ejemplo, responde al griego Áyax: «Y algún día recibiréis la muerte de este mismo modo. Mirad a Prómaco, que yace en el suelo, vencido por mi lanza, para que la venganza por la muerte de un hermano no sufra dilación. Por esto el hombre que es víctima de alguna desgracia, anhela dejar un hermano que pueda vengarle». (XIV, 481-485).

pingües ovejas y beben exquisito vino, dulce como la miel, también son esforzados, pues combaten al frente de los licios[247].

Por la guerra, se defienden las tierras y también se saquean las de otro y, he aquí, que se procura, como en la recolección o la caza, riquezas cuya redistribución producirá un renombre inmediato.

Si Aquiles mata, si Aquiles saquea, se debe al hecho de que es el distribuidor más grande. Sin duda, le parece fastidioso trabajar la tierra como a Ulises o cultivar las viñas como a Menéalo. Por otra parte, no ha heredado inmensas tierras como Agamenón. Así, pues, sólo el botín de guerra le permite competir con el primero de los reyes. Su ambición es ilimitada. Afirma que la virtud guerrera aventaja la de los reyes regentes de tierras y desafía a Agamenón, con la injuria más dura que se pueda dirigir a quien pretende al prestigio: *recibir mucho y dar poco*. Por otra parte, Aquiles es el que ha conquistado el botín de Agamenón.

> Conquisté doce ciudades por mar y once por tierra en la fértil región troyana; de todas saqué abundantes y preciosos despojos que di al Atrida, y éste, que se quedaba en las veleras naves, recibiólos, repartió unos pocos y se guardó los restantes[248].

La *Ilíada* es, ante todo, la Gesta de Aquiles, el más generoso de los hombres y el guerrero más intrépido que desafía a Agamenón.

> Canta, oh diosa, la cólera del Pelida Aquileo; cólera funesta que causó infinitos males a los aqueos y precipitó al Hades muchas almas valerosas de héroes, a quienes hizo

---

[247] Homero, *Ilíada* (XII, 310-321).
[248] *Ibíd.*, (IX, 328-333).

presa de perros y pasto de aves cumpliáse la voluntad de Zeus, desde que se separaron disputando el Atrida, rey de hombres, y el divino Aquileo[249].

La cuestión del prestigio y del don es uno de los temas más ampliamente discutido por los héroes.

Al comienzo de la *Ilíada* los Griegos conocieron la peor de las humillaciones: están destrozados sin apenas combatir, diezmados por una epidemia que les infligen los dioses encolerizados. A la invitación de Aquiles, el divino Calchas descubre la causa de la maldición: Agamenón no podía, sin rebajarse, rehusarse a la entrega de su hija Criseida al sacerdote de Apolo, venido a someterse. Los dioses están furiosos de que se haya burlado así la ley del don, su ley. Suspenderán la suerte nefasta cuando Agamenón entregue a su hija al sacerdote de Apolo y añada su rescate. Agamenón se inclina pero se venga inmediatamente de Aquiles, el instigador. Exige que le sea devuelta Briseida, la recompensa de Aquiles. Entonces la querella vuelve a saltar. Aquiles saca la espada, pero Atenea le prohíbe iniciar un ciclo funesto de venganza.

Los dioses intervienen para que el desafío prosiga en el orden del don. Aquiles devuelve a Briseida, pero el mismo momento en que la da, se hace más grande. Nadie podrá, de ahora en adelante, vencer a los troyanos sin su concurso. Se retira de la armada griega y ésta, en efecto, sufre revés tras revés; es incapaz de conseguir la victoria.

Hay que ir a suplicarle al héroe para que vuelva al combate: Agamenón ofrece dar a Briseida, pero, último vuelco, escolta a Briseida con una tal profusión de dones, que retoma la ventaja e, incluso, no deja a su rival ninguna oportunidad de sobrepasarlo. Pronuncia, en esta ocasión, una de las peroratas más famosas que ilustran la conjunción de generosidad y prestigio, de don y nombre.

---

[249] *Ibíd.*, (I, 1-8).

Quiero aplacarle y le ofrezco la muchedumbre de espléndidos presentes que voy a enumerar: siete trípodes no puestos aún al fuego, diez talentos de oro, veinte calderas relucientes y doce corceles robustos, premiados, que en la carrera alcanzaron la victoria[250].

Y siete mujeres entre las más bellas que tomó cuando Aquiles conquistó Lesbos; maravillas cuando la ciudad de Príamo será saqueada... y, ante todo, de retorno de la guerra, con innumerables regalos y siete ciudades que lo honraran como un dios, mejor que Briseida y Criseida juntas, ¡su propia hija! Arma maestra de ese duelo en el que Aquiles pierde toda posibilidad de vencer. Agamenón denunciaba su ambición:

Pero este hombre quiere sobreponerse a todos los demás; a todos quiere dominar, a todos gobernar, a todos dar órdenes[251].

Ahora la ambición no tiene esperanza. Agamenón restablece su primacía en la escala del prestigio.

(...) y ceda a mí, que en poder y edad, de aventajarle me glorío[252].

Todos esos dones son un veneno en el corazón de Aquiles. Aquiles, deshecho, se retira a su nave negra... Pero aún sueña la revancha:

Ni siendo así desposaré a su hija; elija aquel otro aqueo que le convenga y sea rey más poderoso.

y todavía cree poder luchar en el sistema del don...:

---

[250] *Ibíd.*, (IX, 121-124).
[251] *Ibíd.*, (I, 285).
[252] *Ibíd.*, (IX, 156-161).

ya que, para mí, la vida no vale nada, ni todas las riquezas[253].

Como quiera que fuese, entreví una alternativa:

Mi madre, la diosa Tetis, de argentados pies, dice que las Parcas pueden llevarme al fin de la muerte de una de estas dos maneras. Si me quedo aquí a combatir en torno de la ciudad troyana, no volveré a la patria tierra, pero mi gloria será inmortal; si regreso, perderé la ínclita fama, pero mi vida será larga, pues la muerte no me sorprenderá tan pronto[254].

Cuando ya no tenga esperanza de sobrepasar al más poderoso de los reyes deberá cambiar de estrategia para quedar como el más grande. Para alcanzar una gloria suprema, tendrá que conseguirla en otro ciclo de reciprocidad diferente del de los dones; volver a la dialéctica del asesinato y la muerte. Pero, en la reciprocidad negativa, hay que morir para adquirir una fuerza de venganza inmortal.

«Así yo, si he de tener igual muerte, yaceré en la tumba cuando muera; mas ahora ganaré gloriosa fama» – dice Aquiles[255].

¿Puede haber una contradicción más neta entre las dos referencias? Agamenón que exige el botín para asegurar una redistribución memorable: «Dadnos, con Helena, un precio conveniente y nos iremos», dice Agamenón a los troyanos; y Aquiles: «¡Que muera yo enseguida!...».

Sabemos que *el don es la medida del nombre* pero, recíprocamente, *el prestigio obliga al don.* Agamenón se había

---

253 *Ibíd.*, (IX, 401).
254 *Ibíd.*, (IX, 410-416).
255 *Ibíd.*, (XVIII, 98-121).

deslucido por haber derogado esta regla frente al sacerdote de Apolo. Homero nos recuerda de nuevo la regla del don, con el gesto de Belerofonte. Belerofonte es recibido por el rey Proitos y pretende un renombre fabuloso, hasta el punto de que la mujer de su anfitrión se encapricha con él; entonces Proitos se encoleriza y lo envía donde su suegro con unas tablillas que lo denuncian y deben perderlo. Estamos otra vez en Licia.

> Belerofonte (...) llegó a la vasta Licia y a la corriente del Janto: el rey recibióle con afabilidad, hospedóle durante nueve días y mandó matar otros tantos bueyes; pero al aparecer por décima vez la Aurora, la de rosáceos dedos, le interrogó[256].

Belerofonte debe entonces dar sus pruebas. Su generosidad o su coraje estarán a la altura del renombre al que aspira. Triunfa, en efecto, sobre la invisible Quimera, luego sobre los Solimas, las Amazonas; frustra después la traidora emboscada de sus pares... Cuando el rey de Licia reconoce «que él es el buen retoño de un dios», le concede la mitad de los honores reales, una de sus hijas en matrimonio, en tanto que «los Licios le delimitan un terreno más bello que los otros, rico en vergeles y en tierras labrantías».

Después de esta última evocación de la reciprocidad positiva, Homero anuncia una nueva forma de reciprocidad, que Aquiles siempre ignorará, pero que se convertirá en el tema principal de la *Odisea*. Glauco, aliado de los troyanos, descendiente de Belerofonte, afronta en el campo de batalla al griego Diomedes, nieto de Eneas. Entonces se reconocen como huéspedes de sus padres...

> Pues eres mi antiguo huésped paterno, porque el divino Éneo hospedó en su palacio al eximio Belerofonte, le tuvo

---

256 *Ibíd.*, (VI, 172-176).

consigo veinte días y ambos se obsequiaron con magníficos presentes de hospitalidad[257].

Inmediatamente, renuevan la alianza y Diomedes propone que «cambien» sus armas (*teuchea deallêlois epameipsomen*)[258]. Homero comenta este gesto:

> Zeus Crónida hizo perder la razón a Glauco; pues "reciproca" (*¡ameibe!*) sus armas por las de Diomedes Tidida, las de oro por las de bronce, las valoradas en cien bueyes por las que en nueve se apreciaban.

Émile Benveniste imagina que Homero imagina que Homero finge interpretarlo como un mercado de engaños.

> En realidad, la desigualdad de valor entre los dones es deseada: uno ofrece armas de bronce, el otro de oro; el uno ofrece el valor de nueve bueyes, el otro se siente comprometido a poner el valor de cien bueyes[259].

Benveniste interpreta el retorno del oro contra el bronce como la sobrepuja del contra-don. El texto sería así fiel al espíritu de la *Ilíada*, que celebra el don y la competencia de dones.

---

[257] *Ibíd.*, (VI, 216-218).

[258] Los verbos *epameibo* o *ameibo* y el sustantivo *amoibê* se traducen ordinariamente por «intercambiar, intercambio», pero todas las referencias dadas en el diccionario conciernen a dones de retorno: dones de reconocimiento, presentes... Ellas anotan las ideas de devolver de forma semejante, suceder o incluso responder. *Amoibê* designa también la "composición" en el sistema vindicatorio; lo que cae aún sobre el sentido de la reciprocidad. (Sobre este último punto, ver Jesper Svenbro, « Vengeance et société en Grèce archaïque. À propos de la fin de l'Odyssée », en Raymond Verdier, *La Vengeance*, vol. 3, Paris, Cujas, 1984, p. 47-63.

[259] Émile Benveniste, *Le vocabulaire des institutions indo-européennes*, Paris, Éd. de Minuit, vol. 1, 1968, p. 98-99.

Pero ¿por qué Homero señala la desproporción del don y el contra-don? Para ser rey en Licia, en efecto, se necesitan diez veces más bueyes que en el país de Argos. Sus armas representan capacidades de redistribución desiguales, pero eso ya no tiene importancia ahora. Las armas de Glauco y Diomedes son tesoros del nombre, valores de renombre que miden, ciertamente, capacidades de redistribución, pero ya no se trata de comprometerlas en una competencia de prestigio, un *potlatch*, de medirlas y compararlas entre sí. La relación de alianza postula aquí la paridad de los asociados, cualesquiera sean las riquezas que cada uno puede dar, cien bueyes contra nueve bueyes por lo tanto.

Esta forma de reciprocidad, la *reciprocidad simétrica*, es generadora de un valor diferente del valor de renombre producido por la reciprocidad positiva. El valor de la reciprocidad simétrica es irreducible al imaginario del uno o el otro de los asociados. No puede ser reivindicado ni por el uno ni el otro en términos de poder.

Este pasaje de la *Ilíada* ha sido comentado a menudo. Aristóteles se refiere a él en la *Ética*[260] para decir que Glauco no es víctima de una injusticia cuando da lo que le perteneció. *Oro contra bronce*, se había hecho proverbial en la antigüedad. Platón puso la expresión en la boca de Sócrates al final del *Banquete*, para frustrar los cálculos de Alcibíades, listo para ofrecer su belleza física para participar de la belleza espiritual del filósofo. Alcibíades trataba de utilizar la reciprocidad como un intercambio y Sócrates se mofa.

La referencia de Homero al intercambio confirmó, sin embargo, a los comentaristas del siglo XX, en la idea de que la reciprocidad era, desde los tiempos de Platón o Aristóteles, una

---

[260] Aristóteles, *Ética a Nicómaco*, (V, 11, 1136b 9), (V, IX, 7).

práctica arcaica. Según Marcel Mauss, por ejemplo[261], los Griegos serían en esa época: «extranjeros a las prácticas de la reciprocidad». Cuando Jenofonte narra acerca de un contrato de reciprocidad con el rey tracio Seutes, no participaría en él sino por interés. Tucídides, a su vez, conocería la reciprocidad sólo de oídas.

> Se siente –dice Mauss– que los griegos no comprenden las costumbres a las cuales, astutos, son los primeros en plegarse.

Ya en la época de Homero, los Griegos habrían considerado esas costumbres como extravagantes. Y Mauss evoca entonces la exclamación de Homero, a propósito de Diomedes y Glauco, como si calculara el precio de los escudos como valor de cambio.

Louis Gernet va aún más lejos: ¡Homero se felicitaría porque un Griego haya engañado a un Liciano!

> Es del Griego de quien viene la propuesta; Homero señala que el negocio fue excelente para él[262].

Nuestros contemporáneos prestarían encantados a los autores griegos los reflejos de los lectores modernos, habituados a razonar en términos de intercambio. Pero Moses Finley, por lo menos, rindió justicia a Homero:

> Homero no es más Bernard Shaw que Diomedes un soldado de chocolate. Las relaciones de hospitalidad formaban una institución muy seria, rivalizaban con el

---

[261] Mauss, « Une forme ancienne de contrat chez les Traces », *Revue des études grecques*, n° 34, 1921, rééd. dans *Œuvres*, vol. 3, Paris, Minuit, 1969, p. 35-45.

[262] Louis Gernet, *Droit et Institutions en Grèce antique*, (1968), 2ª edición Flammarion, 1982, p. 18.

matrimonio para establecer lazos entre jefes y nada podía marcar de forma más dramática esta aptitud de hospitalidad para tejer una red de relaciones recíprocas que la situación crítica elegida por el poeta[263].

2 - La *Odisea*

La *Ilíada* ilustra sobre todo la reciprocidad negativa y la reciprocidad positiva, en tanto que la *Odisea* ilustra bien la reciprocidad simétrica. Ciertamente, la *Odisea*[264] celebra todavía la memoria de los héroes de la guerra de Troya, pero el problema de la *Ilíada* está resuelto: todos han sido víctimas de la vanidad del prestigio, como Áyax, fulminado por el dios Poseidón por haberse creído invencible, o su homónimo, aquejado de locura por haber pretendido las armas de Aquiles. Sólo queda vivo Menelao, el ecuánime, cuya lección a Telémaco, que vino a informarse sobre su padre Ulises, establece, de entrada, la supremacía de la reciprocidad simétrica sobre la reciprocidad positiva.

Reprocho igualmente en el anfitrión que recibe, el exceso de diligencia y el exceso de frialdad: amo sobre todo la medida justa (*aisima*) y encuentro tan malo despachar a un huésped que se quiere quedar, como retener a uno que

---

[263] Moses I. Finley, *Le Monde d'Ulysse*, Paris, Maspero, 1983, p. 122.

[264] Homère, *L'Odyssée*, nos referimos a la traducción francesa de Victor Bérard (Paris, coll. G. Budé, Les Belles Lettres, 1967) y a la de Méderic Dufour y Jeanne Raison (Paris, Garnier, 1965), que traducimos. También utilizamos la versión española de Luís Segalá y Estalella (Barcelona, ed. Bruguera, 1997).

se quiere ir: ¿qué se le debe al huésped? Buen recibimiento (*philein*) si se queda, licencia si quiere partir[265].

Esta forma de reciprocidad supone que el don del donante se conforma, ahora, al deseo del donatario. Por tanto, Telémaco puede rechazar un presente no deseado sin afrentar a su anfitrión:

> En cuanto al presente que quieres hacerme, acepto la copa, pero no podré llevar los caballos a Ítaca; te los dejo pues a ti mismo como objetos de lujo; ya que reinas sobre un vasto espacio en el que abundan los tréboles, la cotufa, el queso, el trigo y la alta cebada blanca. Pero en Ítaca, no hay ni espaciosos campos ni alamedas, ni la menor pradera, sólo pastizales para cabras[266].

¡Actitudes insensatas, a donde reinaría la reciprocidad positiva! En ella, sólo un hombre superior podría sustraerse a la obligación de recibir, justificando su arrogancia con un don más prestigioso. Surge, pues, un nuevo principio: el donante toma en cuenta el deseo del Otro y, de este modo, relativiza su imaginario y su poder. Permanece el motor de la reciprocidad positiva −el prestigio−, pero se transforma en un sentimiento de justicia. En adelante, no se puede dar sino en la medida en la que el otro toma. Este equilibrio, entre el don y la necesidad, no debe ser confundido con un intercambio en el que cada uno ofrece sólo en la medida en la que él mismo toma o, más bien, no cede sino a condición de adquirir.

En la *Odisea*, Homero citará el intercambio una sola vez, para oponerlo radicalmente a la reciprocidad. Vale la pena recordarlo. Ulises acaba de presentarse ante Alcínoo, rey de los Feacios, como un héroe desgraciado, náufrago, pero que está engalanado por la diosa Atenea con un aura magnífica.

---

[265] Homero, *Odisea* (XV, 69-74), trad. Victor Bérard (modificada).
[266] *Ibíd.*, (IV, 600-606), (trad. Dufour y Raison).

Impresionado, su anfitrión le ofrece hospitalidad real y lo invita a los juegos. Laodamía, hijo de Alcínoo, desafía a Ulises. Como Ulises no tiene el corazón dispuesto al combate, uno de los campeones, Euryale, se mofa de él:

> ¡Ah no!, no veo nada, nada en ti, nuestro huésped, de un conocedor de los juegos, incluso tomando en cuanta todos los que tienen los humanos! (...) Si alguna vez subiste a un barco, ha debido ser para ordenar a los marinos asuntos comerciales: anotar las cargas o vigilar el flete y sus ganancias como ladrones... Pero, tú, ¡un atleta!...[267].

¿Hay injuria más pérfida que pueda hacerse a un Griego que la de enrostrarle que se dedica al comercio? El intercambio, en efecto, es infamante para un «hombre libre», y es apenas tolerado en un esclavo. Tener en cuenta la carga, dirigir a hombres dedicados al intercambio, he ahí las prácticas de un especulador que va de puerto en puerto a comparar el valor de las mercaderías. Ulises roba, saquea, mata, pero ¡no intercambia! El héroe ultrajado levanta el desafío:

> Anfitrión mío, está mal lo que has dicho; pareces extraviado por un aire de locura[268].

Entonces coge un disco, más grande que los otros, y lo lanza por encima de las marcas de todos los demás lanzadores. La hazaña le autoriza a enorgullecerse de su renombre y desafiar, a su vez, a los Feacios. Pero lejos de exigir, como Aquiles o Agamenón, una rendición incondicional de su adversario, Ulises, por el contrario, le otorga la ocasión de hacer valer su superioridad en las artes en las que se precia, las justas marítimas y la danza.

---

[267] *Ibíd.*, (VIII, 159-164), (trad. V. Bérard).
[268] *Ibíd.*, (VIII, 166).

Una vez resuelto el asunto del intercambio mercantil, Homero recuerda el ideal de la reciprocidad positiva, cantado en la *Ilíada*.

Para mí, os lo aseguro, no se puede desear nada más agradable que ver la alegría adueñarse de un pueblo entero y ver a los comensales, reunidos en la sala de una finca, escuchar a un aeda; todos satisfechos de estar sentados, según su rango ante mesas llenas de pan y de viandas, cuando el copero saca el vino de la crátera, lo lleva y lo vierte en las copas[269].

Para los Feacios, esto no es sino la introducción a una teoría sorprendente. Ulises les contará su viaje al reino de los muertos, donde la gloria conquistada a punta de fuerza material no tiene valor, donde el prestigio es apenas una sombra. Y será frente al alma de Aquiles, que declare:

No me consueles de la muerte, ilustre Ulises. Preferiría atender bueyes, servir como Thètes[270] en la casa de un granjero sin grandes posesiones, antes que reinar sobre estos muertos, sobre todo este pueblo apagado[271].

Agamenón, Sarpedón y Aquiles se disputaban la gloria de ser donantes de víveres y de botines de guerra. Ulises anuncia otro valor, que no sustituye al de prestigio, sino solamente lo supera. Elogia entonces el prestigio y pretende ser el más ilustre de los mortales. Merece, en fin, la gloria de los héroes, él que con su astucia atravesó los muros de Troya, triunfó sobre los cícones, los lotófagos y los cíclopes. ¿No fue acaso el único

---

[269] Homero, *Odisea* (IX, 111), (trad. Dufour).

[270] *Thètes*: obrero asalariado. Según Finley, incluso la suerte del esclavo es mejor que la suya porque el esclavo por lo menos hace parte de un *oikos* (casa). Cf. Finley, *Le monde d'Ulysse*, *op. cit.*, p. 70.

[271] Homero, *Odisea*, (XI, 488-491), (trad. Bérard, modificado según Finley).

salvado por Zeus del naufragio antes de que Circe lo invitase al famoso viaje? Ahora bien, cuando su barco, en el Océano, tocó las puertas del Hades, invocó las almas de los muertos y consultó al divino Tiresias; que le reveló cómo adquirir este valor que no se desvanece con las cosas de este mundo, el valor espiritual que nace de la reciprocidad simétrica: cuando, en el curso de su viaje, encuentre a un hombre cuyo imaginario sea distinto del suyo, que limite ahí su territorio y respete el nombre del Otro.

> Toma un remo bien hecho y vé hasta llegar a hombres que ignoran el mar y comen su pitanza sin sal... Cuando, al encontrarte, otro viajero diga que llevas una pala para el grano en tu robusto hombro, entonces planta en tierra tu remo bien hecho, ofrece un sacrificio al dios Poseidón... luego, vuelve a tu casa a sacrificar hecatombes sagradas a los dioses inmortales que habitan el inmenso cielo sin omitir a ninguno[272].

Al final de la *Odisea*, Homero muestra que también se puede llegar a la reciprocidad simétrica a partir de la reciprocidad negativa; a menos que quiera decir que el pasaje por la reciprocidad negativa también es necesario... He aquí, pues, a Eupites que avanza para vengar a su hijo Antínoo, el más audaz de los pretendientes de Penélope y a quien el mismo Ulises mató. Atenea, bajo el aspecto del sabio Mentor, le propone romper el encadenamiento fatal de la reciprocidad de venganza, renunciar al inexorable imaginario del guerrero. Eupites, el *insensato*, se rehúsa a seguir el consejo de la hija de Zeus:

> ¡Vamos! ¡Quedaremos desprestigiados para siempre! Hasta en el futuro se proclamará nuestra vergüenza si

---

[272] Homero, *Odisea* (XI, 121-138), (trad. Dufour).

nuestros hermanos y nuestros hijos quedaran sin vengadores...[273].

Los partisanos de Eupites se dirigen hacia la casa de Laertes, padre de Ulises, donde éste mantiene un consejo. Pero, he aquí, que Laertes lanza su jabalina primero y mata a Eupites. ¡Se derrumba un mundo! ¡Eupites tenía derecho a la venganza! Atenea acaba de condenar la Tradición. Ulises, aprovechando la ocasión, se dispone a destruir al enemigo estupefacto, cuando la diosa le propone, como había hecho anteriormente con su rival, escuchar la voz que trasciende el imaginario de los hombres. ¿Podía Ulises, el *avisado*, por haber recibido la lección de Tiresias sobre los límites del renombre, no oír esa voz?

No prolongues esta lucha de la que se valen los guerreros; teme atraer sobre ti la ira de Zeus[274].

Atenea se ha dirigido a Zeus para librar la reciprocidad de sus imaginarios de sangre y oro. ¡Y Zeus le respondió con la idea de un juramento divino!

Un juramento sagrado unió para siempre a los dos partidos bajo la inspiración de la hija de Zeus[275].

---

[273] Homero, *Odisea* (XXIV, 431-435), (trad. Bérard).
[274] *Ibíd.*, (XXIV, 543-544).
[275] *Ibíd.*, (XXIV, 545).

2. ÉTICA A NICÓMACO

1 - Una teoría de la reciprocidad simétrica

La *Ética a Nicómaco*[276] es, por cierto, un tratado de valores morales, pero Aristóteles no se contenta con componer un tratado de virtudes heredadas de la tradición, que se enunciaría con la voz de la autoridad, sino que se interesa más bien por su génesis. Virtudes particulares, como el coraje y la temperancia, pueden definirse por ni lo uno ni lo otro de dos extremos opuestos. Son un justo medio en el que las fuerzas antagónicas se contradicen y neutralizan. De esta neutralización de contrarios emerge una energía espiritual, una energía psíquica liberada de la polaridad dialéctica. Así liberada de toda ceguera unidimensional, esta energía se concentra en una conciencia pura de sí misma, que puede alcanzar la gracia.

Nos interesamos en esta estructura lógica que el Filósofo pone en el principio de la virtud:

---

[276] Para el texto griego de Aristóteles, hacemos referencia a la edición de los Classiques Garnier, establecida y traducida por Jean Voilquin, *Éthique de Nicomaque* (1940). Utilizamos también la traducción en francés de René-Antoine Gauthier y Jean-Yves Jolif: *L'Éthique à Nicomaque* (Introduction, Traduction et Commentaire), Publications Universitaires de Louvain (1958-1959); obra monumental de erudición que se basa en numerosas fuentes, pero que no va acompañada de una edición crítica del texto griego. Por lo tanto, citamos el texto griego de las ediciones Garnier (basado en la edición de referencia de Susemihl) y, para cada cita traducida al español, damos sus referencias en los dos sistemas utilizados. Se puede ver también la traducción en español de José Luis Calvo Martínez, Madrid, Alianza Editorial, 2002.

La virtud (*aretê*) es el justo medio en relación a dos vicios, el uno por exceso, el otro por defecto[277].

Un justo medio pero no un mediador entre el uno y el otro que sólo acarrearía mediocridad. Hay que evocar una figura triangular para dar cuenta de esta relación:

En efecto, las extremas son contrarias tanto de la media como entre sí; y la media es la contraria de las extremas[278].

El justo medio es la afirmación de una verdad que se opone a las pasiones unilaterales. Su esencia es la *aretê*, que se traduce por «virtud», también por «excelencia» o, mejor todavía y como sugiere Gauthier, por «valor». Aristóteles sostiene que la *aretê* es una gran fuerza ya que es lo «propio del hombre». Aventaja así a todas las otras.

Así, en cuanto a su esencia y a la definición que expresa su propia naturaleza, la virtud es un justo medio; pero con respecto a lo mejor y al bien, es un extremo[279].

Sin embargo, entre todas las virtudes particulares, que dan cuenta de la iniciativa de cada quien por su propia cuenta, la justicia es una virtud que no puede ser definida sin hacer intervenir una relación de reciprocidad particular con el otro. La amistad (*philia*) como la gracia (*charis*) nacen, a su vez, de esta relación que hemos propuesto llamar «reciprocidad simétrica», ya que es un don que respeta el deseo del otro.

Para Aristóteles, el imaginario del don debe ser inmediatamente relativizado: debe respetar el imaginario del otro. Por tanto, no puede conducir al poder. A partir de esta

---

[277] Aristóteles, *Ética a Nicómaco* (II, 6, 1107a 2) trad. de Gauthier y Jolif), (II, VI, 15) trad. de Voilquin.

[278] Aristóteles, *Ética a Nicómaco* (II, 8, 1108b 13) (II, VIII, 1).

[279] *Ibíd.*, (II, 6, 1107a 5) (II, VI, 17).

relación con el otro, se abre un espacio espiritual, un campo de libertad para la conciencia humana. Lo que se descubre con la justicia, ¿no debiera aplicarse al justo medio, en general, y por consiguiente a todas las virtudes?

> El justo necesita otros hombres para los que y junto con los que obrar justamente –y lo mismo el temperante y el valiente y cada uno de los otros–[280].

En efecto, la estructura del justo medio (*mesotês*), que les es común, podría bien nacer de esta otra estructura, de carácter social, que implica la buena distancia (*isotês*), característica de la reciprocidad simétrica.

La liberalidad

Aristóteles llama liberalidad o generosidad (*eleutheriothês*) a la primera expresión de esta reciprocidad:

> En lo que concierne al hecho de dar y recibir bienes materiales (*chrematôn*), el término medio es la generosidad, el exceso y el defecto, son la prodigalidad y la avaricia[281].

Por *chrêmata*, Aristóteles entiende los bienes materiales, que pueden medirse de forma objetiva[282]. La justa medida, en materia de liberalidad, ¡no consiste en medir su generosidad!

---

[280] Aristóteles, *Ética a Nicómaco* (X, 7, 1177a 30) (X, VII, 4).
[281] *Ibíd.*, (II, 7, 1107b 8) (II, VII, 4).
[282] «Lo que se alaba en un liberal es su manera de donar los bienes materiales y de recibirlos, pero sobre todo de donar. Y por "bienes

Es también propio del hombre generoso el excederse muy mucho en el dar, hasta el punto de que le queden a él menos bienes[283].

Pero la justa medida es la de dar con discernimiento:

El hombre generoso dará con vistas al bien. Y lo hará bien, pues lo hará a quienes debe, cuanto y cuando se debe y todas las demás circunstancias que acompañan al recto acto de dar[284].

Además, el agradecimiento es para quien da, no para quien toma; y el elogio todavía más[285].

La generosidad, pues, consiste en usar bien de la riqueza...

El usar y entregar los bienes parece que es obviamente uso, mientras que recibir y guardarlo es, más bien, posesión. Por lo cual es más propio del hombre generoso el entregar a quienes debe, así como el tomar de donde debe y el no tomar de donde no debe[286].

He aquí una confirmación del principio de conjunción de don y nombre: el don crea el prestigio, mientras que la acumulación la decadencia.

Ahora bien, la superioridad de dar sobre recibir conduce a la siguiente paradoja:

---

materiales" entendemos todo aquello cuyo valor se mide en dinero.» (IV, 1, 1119b 25) (IV, I, 2).

[283] Aristóteles, *Ética a Nicómaco* (IV, 2, 1120b 4) (IV, I, 18).

[284] *Ibíd.*, (IV, 2, 1120a 25) (IV, I, 12).

[285] «A aquellos que reciben lo que deben recibir, no hace falta alabarles.» (IV, 1, 1120a 20) (IV, I, 10).

[286] Aristóteles, *Ética a Nicómaco* (IV, 1, 1120a 10) (IV, I, 7).

Pero al hombre liberal no le resulta fácil enriquecerse, porque no se inclina ni a recibir ni a conservar, sino a distribuir, y no honra la riqueza por sí misma, sino por los dones que permite. De ahí que la crítica que suele hacerse a la fortuna es que quienes más la merecen son los que menos se enriquecen. Pero no es de extrañar, porque no es posible tener bienes si no se toma la molestia de adquirirlos.[287].

Por consiguiente, si no fijarse en sí mismo, es lo propio de un liberal, conviene que reciba.

Tampoco estaría inclinado a pedir, pues no es propio de quien obra bien el estar dispuesto a recibir favores. Tomará de donde se debe –por ejemplo, de sus propios bienes– no porque sea bueno, sino porque es necesario a fin de tener con qué dar[288].

Por otra parte, si no debe aceptarse sino lo que conviene, podemos concluir que puede ser legítimo rechazar el don. Así, puede decirse:

Además, reciben el nombre de generosos los que dan; en cuanto a los que no reciben no son elogiados por generosidad sino más bien por justicia[289].

Y, de la misma forma, el hombre generoso será regañado si, al dar, se propondría otro objetivo que la belleza del hecho. El don justo corresponde a la demanda del otro y, recíprocamente, recibir es justo si ello es necesario o bueno para volver a dar. En la reciprocidad simétrica, la prioridad

[287] *Ibíd.*, (IV, 2, 1120b 14) (IV, I, 20-21).
[288] *Ibíd.*, (IV, 2, 1120a 34) (IV, I, 16-17).
[289] *Ibíd.*, (IV, 1, 1120a 19) (IV, I, 10).

del dar sobre el recibir no conduce a la supremacía del donante.

He aquí un principio según el cual la obligación de dar es relativa. El don con discernimiento es aquel que toma en cuenta la calidad de la demanda, que se adapta y responde a ella. El donante acepta que su poder sea medido por la exigencia de quien recibe.

Es eso lo que enseñaba Homero en el diálogo de Menelao y Telémaco: cada uno puede declinar la ofrenda del otro, si ésta no es útil o deseada. Si Telémaco tiene bastantes caballos o carece de las tierras necesarias para hacerlos correr, Menealo le dará otra cosa: «una gran vasija de las más preciosas, forjada en plata y con labios de oro y plata»[290]. No es, pues, posible dar, teniendo como única preocupación, establecer el propio renombre, su rango en relación a otro. La competencia por el prestigio no aparece sólo como obligación moral; encuentra una exigencia del otro que le dicta sus condiciones.

El crecimiento del valor

¿Puede el valor acrecentarse como, por ejemplo, se acrecienta y redobla el renombre por el don de los valores de renombre?

La primera expresión de una perfección más elevada que la generosidad es, según Aristóteles, la magnificencia (*megaloprepeia*). Los (anti)valores contrarios a la magnificencia son la ostentación (*banausia*) y la mezquindad (*microprepeia*): la ostentación, para quien se pretende magnífico pero gasta en desorden o a destiempo; la mezquindad, para quien gasta en grandes ocasiones pero vigila sus cuentas y, a veces, es tacaño.

---

[290] Homero, *Odisea* (IV, 6, 15), (trad. Dufour et Raison).

Lo que diferencia la magnificencia de la generosidad es, primero, un orden de grandeza.

Aunque no se extiende, como la generosidad, hacia todas las acciones que tienen a los bienes materiales por objeto, ella no concierne sino a las acciones que son dispendiosas[291].

Pero, por sobre todas las cosas, la magnificencia tiene por objeto la calidad de la obra.

Otro, en efecto, el valor de los bienes materiales y otro, el valor de las obras[292].

El gasto y la obra deben tener un carácter extraordinario. ¿Cuáles son esos gastos extraordinarios? Se trata de gastos que no tienen un retorno proporcional; que se hacen a fondo perdido y en interés del bien común. El gasto del Magnífico es una especie de sacrificio en favor de la comunidad.

Llamamos honorables, como por ejemplo, los referentes a los dioses −ofrendas votivas, edificios y sacrificios. E igualmente también los referentes a toda clase de divinidad y cuantas son valoradas con vistas al bien público, como, por ejemplo, si las gentes creen que hay que desempeñar la coregía o bien ser trierarca[293] o bien ofrecer un festejo a la ciudad con brillantez[294].

La cena pública, por ejemplo, es una expresión universal de esta forma de reciprocidad; la coregía que es una extensión

---

[291] Aristóteles, *Ética a Nicómaco* (IV, 4, 1122a 20) (IV, II, 1).

[292] *Ibíd.*, (IV, 4, 1122b 15) (IV, II, 10).

[293] «Otras dos liturgias, consistentes en proporcionar un coro para los concursos dramáticos y armar un navío de guerra o trirreme, respectivamente» −precisa en nota el traductor Calvo Martínez.

[294] Aristóteles, *Ética a Nicómaco* (IV, 5, 1122b 20) (IV, II, 11).

de la fiesta hasta el ultimo punto de la red social; el equipamiento de una trirreme, por cuenta del Estado, que es el gasto más reputado en Atenas en tiempos de paz…

Pero, además, en las ocasiones particulares, cuantas suceden una sola vez, como por ejemplo una boda o una celebración así; y también en el caso de que se interese por algo toda la ciudad o los que tienen prestigio. También en la recepción y despedida de huéspedes extranjeros y en el intercambio de dádivas, pues el magnificente no gasta para sí mismo, sino para el común, y sus dádivas tienen algo de semejanza con las ofrendas[295].

La magnanimidad

La reciprocidad simétrica ¿puede alcanzar un nivel superior? Pareciera que sí, ya que el mismo Aristóteles propone una nueva categoría, más allá de la magnificencia: la magnanimidad (*megalopsuchia*). La misma estructura triangular se vuelve a encontrar de modo natural:

Y el que se queda corto es el pusilánime (*micropsuchos*) y el que se excede el vanidoso (*chaunos*)[296].

¿Habrá sólo una diferencia de magnitud entre el magnífico y el magnánimo? No solamente. El magnánimo, en efecto, parece estar por encima de los honores (*timê*):

Por consiguiente, el magnánimo lo es sobre todo con los honores y deshonras, y se complacerá moderadamente

---

[295] Aristóteles, *Ética a Nicómaco* (IV, 5, 1123a 1) (IV, II, 15).
[296] *Ibíd.*, (IV, 9, 1125a 17) (IV, III, 35).

218

en los honores grandes y concedidos por los hombres virtuosos, ya que obtiene lo que le es propio o incluso menos. Pues no podría haber un honor digno de la virtud perfecta. Pero, con todo, lo aceptará por el hecho de que ellos no tienen nada mejor que ofrecerle, aunque despreciará por completo el honor dispensado por cualesquiera personas y por motivos pequeños, pues no es eso lo que merece[297].

Los honores son, sin embargo, los más importantes de los bienes exteriores ya que, según Aristóteles: *es por causa del honor que se desean los cargos y la riqueza*[298].

El magnánimo parece despreciarlos como, con mayor razón, desprecia los bienes materiales:

> Ahora, para quien incluso el honor es cosa pequeña, para éste lo serán también las demás –razón por la que parece que son altivos[299].

Aristóteles concluye que el magnánimo no sólo está por encima de los bienes y las riquezas, sino que desprecia incluso la vida y la muerte[300]. ¿No hay que reconocer el mismo redoble que el del renombre entre los Trobriandeses, por ejemplo, donde la redistribución de símbolos de renombre le vale al donante un renombre de renombre? Aquí no se trata de «renombre», sino de honor y el mérito del magnánimo podría ser definido como un «honor de honor». Hay, pues, un crecimiento de la ética, así como hay también un crecimiento del prestigio.

¿Hay, finalmente, un más allá de la magnanimidad? Virtudes tales como la magnificencia y la magnanimidad, son

---

[297] Aristóteles, *Ética a Nicómaco* (IV, 7, 1124a 5) (IV, III, 17).
[298] *Ibíd.*, (IV, 7, 1124a 17) (IV, III, 18).
[299] *Ibíd.*, (IV, 7, 1124a 18) (IV, III, 5).
[300] *Ibíd.*, (IV, 8, 1124b 6) (IV, III, 23).

individuales incluso si tuvieran que ver con el otro. Son el ser del donador que toma la iniciativa del don. En cambio, la relación de igualdad en la reciprocidad es constitutiva de la justicia y de la *philia*.

La justicia

La justicia es ciertamente una virtud del hombre de bien, pero más alta que las otras virtudes. Ella las contiene a todas; es el espíritu común de todas las virtudes:

> En conclusión, esta justicia es una virtud perfecta, mas no en términos absolutos, sino en-relación-con-otro. También por esto muchas veces se piensa que la justicia es la más sobresaliente de las virtudes y que "ni el lucero vespertino ni el matutino son más admirables" (Eurípides). Igualmente decimos en un proverbio: "En la justicia se encuentra resumida toda virtud"[301].

Aristóteles lo demuestra, primero, a partir de la primera noción de justicia reconocida por el sentido común: lo justo es lo legal. Ser justo es obedecer a las leyes. «Y bien, las leyes determinan todas las cosas en función del bien común»[302]. La justicia es entonces la «virtud integral», universal.

Y es una virtud perfecta precisamente porque es un ejercicio de la virtud perfecta[303].

---

[301] Aristóteles, *Ética a Nicómaco* (V, 3, 1129b 25) (V, I, 15)
[302] *Ibíd.*, (V, 3, 1129b 14) (V, I, 13).
[303] *Ibíd.*, (V, 3, 1129b 31) (V, I, 15).

¿Se confunde la justicia con la virtud? No, lo que la caracteriza, como reconoce el sentido común, es que la virtud existe «en relación al otro».

> Por lo dicho, queda claro en qué difieren la virtud y "esta justicia": son la misma, pero su esencia no es la misma: en tanto que para-con-otro, es justicia; en tanto que es tal hábito en términos absolutos, es la virtud[304].

Aristóteles demuestra enseguida, y por segunda vez, que la justicia contiene todas las virtudes, a partir del sentido particular de la justicia. La justicia, en efecto, es también una virtud particular que se opone a la avidez: se es injusto al tomar una parte muy grande o muy pequeña de los males o bienes que nos tocan. Como las otras virtudes que son un justo medio (*mesotês*) entre dos extremos, la justicia, también, se define como el medio entre dos conciencias contrarias: la desigualdad por defecto y la desigualdad por exceso; por tanto, pues, el exceso en sí y el defecto en sí. De ese principio saca su definición: ella es la igualdad (*isotês*). En ese segundo sentido, lo justo es lo igual. Así, pues, la justicia (*dikaiosunê*) está presente en todas las virtudes ya que ella misma es la apreciación del justo medio.

Pero he aquí que tanto la desigualdad como la igualdad, no existen en sí mismas; se definen, por una parte, en relación a un término de comparación y, por otra parte, en relación al otro. La intuición del sentido común está plenamente confirmada: la apreciación de lo justo supone al otro. Lo propio de la justicia, tanto como virtud integral o como virtud particular, es hacer intervenir al otro[305]. La relación con el otro no es solamente el terreno de ejercicio de la justicia, como lo es de otras virtudes:

---

[304] *Ibíd.*, (V, 3, 1130a 10) (V, I, 20).
[305] *Ibíd.*, (V, 4, 1130a 34 - 1130b) (V, II, 6).

Por eso se considera que está bien aquel dicho de Bías – "el gobierno revela al hombre"[306]– pues el gobernante lo es para con otro y ya en comunidad. Por esta misma razón parece también que la justicia es la única de las virtudes que es un "bien ajeno", porque "es-para-otro": realiza lo que conviene ya sea a un gobernante o a uno de la comunidad[307].

El *otro* es necesario a título de uno de los cuatro términos de una igualdad de relaciones:

> Y puesto que lo igual es término medio, lo justo sería un cierto término medio. Lo igual se da al menos entre dos términos. De donde necesariamente, (a) lo justo tiene que ser medio e igual; ahora, (b) en tanto que medio, lo es *de* ciertos términos (es decir, lo más y lo menos), (c) en tanto que igual, se da *entre* dos términos, y, (d) en tanto que justo, lo es *para* algunos. Luego necesariamente lo justo se da al menos en cuatro términos: aquellos *para quienes* resulta ser justo son dos, y aquellos *en los que* se da, son dos[308].

La justicia procede por relación con el otro. La estructura triangular, observada cada vez, en la que el justo medio aparece, no como simple medio sino como un eje de crecimiento por la virtud, encuentra así su explicación. La dinámica de este crecimiento es la relación de igualdad con el otro. El bien común, que la opinión corriente reconoce en el origen de la ley, en la primera noción de justicia ¿no es aquí ese Tercero que procede de la reciprocidad y se identifica con la igualdad? Uno no puede contentarse con invocar ese Tercero, refiriéndose a la tradición, este Tercero debe ser

---

[306] Bías de Priene, uno de los Siete Sabios, escribió un poema de dos mil hexámetros «sobre cómo podría ser próspero un Estado» (cf. Diógenes Laercio, *Vitae Philos.*, 1. 85), precisa en nota el traductor José L. Calvo.

[307] Aristóteles, *Ética a Nicómaco* (V, 3, 1130a 3) (V, I, 16-17).

[308] *Ibíd.*, (V, 6, 1131a 14-19) (V, III, 4-5).

engendrado por la relación de reciprocidad misma. La justicia, en efecto, no proviene solamente del sentimiento del uno o del otro, sino de la relación del uno con el otro. Mientras que las virtudes nacen de la responsabilidad de cada uno en relación con el otro y se dirigen al otro que queda como el objeto de su acción, la justicia procede directamente de la reciprocidad. Ella no tiene un punto de origen, sino dos. Igualdad: no que cada cual saque el mismo partido de una ley común, sino que, de ahora en adelante, cada uno participa de la estructura de reciprocidad. La justicia resulta directamente de la relación de paridad entre asociados; la justicia es el fruto de la reciprocidad. Si las virtudes son definidas por el justo medio entre dos extremos, ello se debe al hecho de ser justas y esta justicia aparece como el valor que nace de una forma particular de reciprocidad en la que la igualdad es una condición previa. A decir verdad, el Tercero de la reciprocidad no aparece aún en la letra del texto de Aristóteles. El análisis de la amistad es el que va a revelarlo y, retrospectivamente, va a aclarar el rol de la justicia. Con la justicia, la relación de reciprocidad está todavía petrificada en el formalismo de la ley. Ahora bien, Aristóteles remarca:

> La razón es que la ley es toda general, y en algunos casos no es posible hablar correctamente en general[309].

La equidad, adaptación de la justicia a lo particular, es un primer progreso de la justicia hacia la relación vital de la amistad:

> La naturaleza esencial de la equidad es la de ser un correctivo aportado a la ley, en la medida en que su universalidad la hace incompleta[310].

---

[309] Aristóteles, *Ética a Nicómaco* (V, 14, 1137b 17) (V, X, 4).

La *philia*

Para sobrepasar realmente la justicia, hay que penetrar en el corazón de la paridad de reciprocidad, en el que nace una nueva forma de la virtud (*aretê*), una forma afectiva: la *philia*, término traducido tradicionalmente por «amistad»[311]. La *philia* es, primero, virtud (*aretê*)[312], pero es muy superior a la justicia.

> Además, cuando los hombres son amigos, no necesitan de la justicia, mientras que, aun siendo justos, necesitan de la amistad[313].

Es la amistad la que mantiene la ciudad; es ella la que los legisladores, bajo apariencia de concordia, tratan de preservar, más que la justicia, ya que es más fundamental que ésta. Pues, «parece que el carácter más amistoso es propio de los hombres justos».

El hombre equitativo, que no aplica la ley con rigidez, ya da una prueba de *philia*. La *philia* perfecta es la más alta expresión de la reciprocidad simétrica: ya hay que ser justo y magnánimo para acceder a ella.

> La *philia* perfecta, sin embargo, es la amistad de los buenos y semejantes en virtud, pues éstos se desean mutuamente el bien por igual[314].

---

[310] Aristóteles, *Ética a Nicómaco* (V, 14, 1137b 25) (V, X, 6).

[311] La lengua castellana reserva la palabra amistad a la «*philia* perfecta» de Aristóteles; por otro lado, la *philia* es recíproca por esencia, como dirá Aristóteles. Por esta razón utilizaremos la palabra griega *philia*.

[312] Aristóteles, *Ética a Nicómaco* (VIII, 1, 1155a 3) (VIII, I, 1).

[313] *Ibíd.*, (VIII, 1, 1155a 26) (VIII, I, 4).

[314] *Ibíd.*, (VIII, 4, 1156b 7) (VIII, III, 6).

Ella es un sentimiento, como la benevolencia (*eunoia*), pero se caracteriza por la reciprocidad:

> Para designar el sentimiento por el cual se aman las cosas inanimadas, el lenguaje corriente no emplea la palabra *philia*. Es que no vendría al caso, tratándose de cosas, de devolver el amor (*antiphilêsis*) ni, tratándose de nosotros, de desearlas (uno haría reír si, hablando del vino, pretendiera ¡"desearle bien"! Uno desea, sin duda, que se conserve, pero, ello, para que uno mismo tenga qué beber). En cambio, se afirma que al amigo hay que desearle el bien *por él mismo*. Pero quienes así desean el bien a otro se llaman benévolos cuando el mismo deseo no ocurre por parte de este último, porque sólo si la benevolencia es recíproca es amistad: ¿No se dice que la *philia* es una benevolencia mutua (*antipeponthosin*)? ¿No habría que añadir: y no ignorado por aquellos que lo experimentan?[315].

«Aristóteles –dice el comentarista Gauthier– distingue dos sentimientos: el amor simple, (*philêsis*), que consiste en amar sin ser amado y el amor correspondido, (*antiphilêsis*), que consiste en amar siendo amado y que merece el nombre de amistad[316].

El prefijo -*anti* por sí solo es revelador de la preocupación de Aristóteles: recordar la simetría de un cara a cara, la oposición de dos dinamismos que tienden el uno hacia el otro. *Anti* es característico de los términos que expresan reciprocidad.

La *philia* perfecta (*teleia philia*), a diferencia de la que sólo busca la utilidad o el placer, consiste en querer el bien de sus amigos por su propia persona[317]. Aristóteles hace provenir la perfección de la amistad del cuidado por el otro. La *teleia philia*

---

[315] Aristóteles, *Ética a Nicómaco* (VIII, 2, 1155b 27) (VIII, II, 3).
[316] Aristote, *L'Éthique à Nicomaque*, Comentarios de Gauthier, *op. cit.*, p. 681.
[317] Aristóteles, *Ética a Nicómaco* (VIII, 4, 1156b 9) (VIII, III, 6).

no es el amor del Bien en sí, el amor del Bien único y abstracto a través del otro. La *philia* perfecta no es, como muestra Gauthier:

> (...) un trampolín para lanzarse más alto, una etapa en la subida hacia el Bien-en-sí, un simple medio (...). Ella es un fin en sí. El amigo humano ya no es amado por amor del Bien-en-sí, sino por-sí-mismo[318].

La *philia* perfecta es concreta, de tal suerte, empero, que la utilidad y el interés juegan un papel en esta reciprocidad pero bajo la forma paradójica del interés por el otro.

Oposición entre la *philia* perfecta y las formas inferiores de la *philia* y oposición de don e intercambio

Aristóteles distinguió varias suertes de *philia*. Una asociada a la utilidad, otra al acuerdo y de las que el hombre feliz no tiene ninguna necesidad. Esas formas inferiores de *philia* ¿son formas de amistad? Aristóteles afirma, en todo caso, que la *philia* fundada en la virtud es superior a la *philia* fundada sobre la utilidad:

> Aquellos, en quienes la amistad se funda en la virtud, arden de deseos de hacer el bien al otro (ya que, hacer el bien, es lo propio de la virtud y de la amistad), ahora bien, esta rivalidad no podría dar lugar a pesares ni querellas: nadie se molesta con quien lo ama y le hace bien y, si encima, es delicado, se desquitará haciéndole bien a su vez.

---

[318] Gauthier, *op. cit.*, vol. II, p. 676.

Por el contrario, la amistad, fundada sobre lo útil, es un nido de querellas. Ya que, en efecto, el objetivo de las relaciones es el interés, que siempre pide más[319].

Medir su amistad con la vara de su interés, ¿no revierte la problemática de la *philia* y no transforma el don y el contra-don en un intercambio interesado? ¡Sin duda! Sin embargo, esta prestación interesada puede quedar al interior del sistema de don.

¿Cómo preservar la lógica del don, de la amenaza de la lógica del interés que le es contradictoria? Aristóteles responde de la siguiente manera: el donatario es el que debe fijar el monto del contra-don:

> Si el don no está hecho para el bien de aquel a quien se lo hace, sino que es emprendido con un objetivo interesado, lo ideal será, sin duda, que las dos partes se pongan de acuerdo para fijarle una retribución que sea equitativa a los ojos del uno y el otro. Si no pudiese llegarse a este acuerdo, no es indispensable, como todos estarán de acuerdo, habrá que dejarle fijar el monto, al que posee el fruto del primer beneficio; lo cual es también de justicia[320].

Aristóteles extiende el mismo principio a las relaciones comerciales:

> Incluso para las mercaderías, en efecto, podemos constatar este principio; es así como pasan las cosas (…) Generalmente los poseedores de algo y aquellos que quieren adquirirlo, no lo estiman en el mismo precio. Ya que lo que nos pertenece y lo que damos, siempre nos

---

[319]Aristóteles, *Ética a Nicómaco* (VIII, 15, 1162b 16-18) (VIII, XIII, 2-4).
[320] *Ibíd.*, (IX, 1, 1164b 6-10) (IX, I, 8).

227

parece valer mucho. La retribución (*amoibê*[321]) tendrá lugar sobre la suma fijada por los compradores[322].

Si bien los intérpretes modernos de Aristóteles tienen la costumbre de reducir y retrotraer los dones recíprocos al intercambio, Aristóteles procede, justamente, al revés: interpreta incluso el mismo intercambio en términos de don. Por ejemplo, en el caso de una venta a crédito:

> En esta última la obligación es evidente y nada ambigua, pero tiene el aplazamiento como elemento de amistad (*philikon*)[323].

Esta interpretación de la deuda, en términos de don, es exactamente contraria a la de Mauss, para quien el contra-don es el pago de una deuda.

Si el mismo intercambio interesado es comprendido con las categorías de la reciprocidad, entonces no debe llamar la atención que el precio sea fijado por el comprador, entendido como si fuese donatario. Este principio, pues, es opuesto a aquel que fija los precios por la ley de la oferta y la demanda o por el que lleva la ventaja e impone sus condiciones.

Su interpretación del intercambio, en términos de la lógica del don, no le impide a Aristóteles distinguir dos comportamientos: dos motivaciones. Entre quien ofrece más servicios y quien tiene más necesidades, no debería surgir conflicto:

> Así que, lo mismo que en una sociedad económica reciben más los que más contribuyen, así se piensa que debe ser también en la amistad. Pero el necesitado e inferior piensa lo contrario: que es propio de un buen

---

[321] *Amoibê*: ver *supra*.

[322] Aristóteles, *Ética a Nicómaco* (IX, I, 1164b 14-19) (IX, I, 9).

[323] *Ibíd.*, (VIII, 15, 1162b 28) (VIII, XIII, 6).

amigo subvenir a los necesitados, pues, ¿qué provecho tiene, dicen, ser amigo de un hombre bueno o poderoso si no se va a ganar nada? En fin, parece que es justa la exigencia tanto de uno como de otro y que hay que asignar más a cada uno como consecuencia de la amistad; aunque no de lo mismo, sino de honor al que es superior y de beneficio al necesitado. Porque la recompensa de la virtud y la benefacción es el honor, mientras que el provecho es ayuda de una situación de necesidad[324].

El principio es siempre el mismo: hay una contradicción irreducible entre el honor y el interés material. Esta contradicción se encuentra en las relaciones del ciudadano con el Estado:

> Porque no es posible enriquecerse con los bienes comunes y, al mismo tiempo, recibir honores. No se honra a nadie que no aporte nada al tesoro común... El que pierde en dinero es recompensado en honor, y el venal en dinero[325].

El honor no es un bien privado que se puede intercambiar o comprar. No pertenece a nadie, sino a la comunidad entera, aunque se refiera al donante. El honor es la expresión de la humanidad del donante.

Ahora bien, Aristóteles, al señalar esta contradicción, disipa la confusión entre estos dos sistemas antinómicos: el del don y el del interés. Los intérpretes modernos de la antropología económica atribuyen al don la virtud de producir la amistad, pero someten el don a la razón del intercambio: el cálculo sensato de ofrecer lo que se debe ceder, permitiría ajustar las ventajas del don a aquellas del intercambio; donar

---

[324] *Ibíd.*, (VIII, 16, 1163b 1) (VIII, XIV, 2).
[325] *Ibíd.*, (VIII, 16, 1163b 6) (VIII, XIV, 3).

no sería sino una forma inteligente de intercambiar. Aristóteles no ignora ese punto de vista:

> La razón de ese cambio de actitud, es que casi todos aspiran a lo bueno, pero eligen lo útil. Ahora bien, es bueno hacer el bien sin esperar retorno, pero es útil recibir un retorno[326].

Concedamos a los partidarios del intercambio que, en un sistema de intercambio, el don puede ser una máscara, una mentira social, una fachada para un interés inconfesable. Pero convengamos también que toda comunidad tiene el derecho a elegir conformarse, o bien en base a la lógica del interés y del intercambio, o bien de recusarla y fundar su economía sobre otro principio: el «deseo de lo bello».

El don es la expansión del mismo ser humano: es actualización energética (*energeia*), despliegue de la vida misma del donante. Es, por ello, que el donante recibe su nombre del don, como gloria del ser que es su ser. Esta tesis pone fin a la idea de que el don debe ser compensado por lo que sea. El don se basta a sí mismo. Es por esta razón que el magnánimo puede dar hasta su vida por sus amigos o la ciudad. De este modo, Aristóteles refuta la idea de que el don está en el origen del crédito; idea que se encuentra en la base de todas las tesis que subordinan y asimilan el don al intercambio.

¿Por qué los bienhechores aman más a sus favorecidos de lo que éstos aman a aquellos que les hacen bien?

> Pues bien, a la mayoría les parece así porque unos están en condición de deudores y los otros de acreedores; y, por tanto, lo mismo que en los préstamos, mientras que los deudores desean que no existan sus acreedores y, en

---

[326] Aristóteles, *Ética a Nicómaco* (VIII, 15, 1162b 34) (VIII, XIII, 8).

cambio, los prestamistas incluso se preocupan de la salvación de sus deudores[327].

Pero, he aquí, que otra explicación es posible:

Podría parecer, con todo, que la explicación de ello tenga un carácter más natural (*physikos*) y que lo dicho sobre los prestamistas no es comparable. Pues no hay afecto hacia aquellos, sino que el deseo de que se conserven es con vistas al cobro. En cambio los que obran bien aman y estiman a los receptores, aunque no les sean de utilidad ni lo vayan a ser en el futuro.

Lo mismo pasa también en el caso de los artistas: todo el mundo ama su propia obra más de lo que sería amado por ella si cobrara vida. Y quizá acaece esto, sobre todo, con los poetas: aman sus propias creaciones y vuelcan su afecto como si fueran hijos. Algo así, pues, parece que sea el caso de los benefactores: la parte beneficiada es su obra, luego la aman más que la obra a su creador. La razón de ello es que la existencia es deseable y amable para todos; pero existimos *en actividad* (pues existimos por vivir y obrar), y el que crea una obra existe de alguna manera en actividad; luego ama su obra porque también ama la existencia. Y esto es relativo a la naturaleza[328].

La imagen del artista es decisiva: se dice que el artista ha recibido dones de la naturaleza, de las hadas, de los dioses... Pero, ¡él mismo es esos dones! Son su vida, su ser. No puede sino desplegarlos para ser él mismo; dar los frutos de sus dones para, a su vez, donar. Aristóteles ha vislumbrado lo más precioso del don en el gesto del artista: lo ha llamado «creación». Así, pues, del mismo modo como el artista recibe de la obra el sentimiento de vida, así también el donante recibe

---

[327] *Ibíd.*, (IX, 7, 1167b 19) (IX, VII, 1).
[328] *Ibíd.*, (IX, 7, 1167b 28-1168a 8) (IX, VII, 2-4).

del donatario el goce de poder llamarse viviente. Entre la obra y el artista, entre el donante y el donatario, se da la revelación de un plus de ser, cuya responsabilidad recae en el creador. El creador aprecia esta responsabilidad más que toda otra recompensa; más que la gratitud de su creación si ésta fuese animada; más que la amistad o el reconocimiento del donatario, ya que ella es el goce y fruición misma de la vida. Mas, he aquí, que es el otro, el que abre el espacio de la vida, el que funda al verdadero sujeto: instaura la responsabilidad. Es por ello que la creación es, desde un inicio, hospitalidad, escucha atenta del otro, invitación al otro, sin todo lo cual la vida no podría ensancharse, no podría siquiera existir. La vida es agradecimiento; es gratitud. La vida es la respuesta del ser que se ensancha de felicidad. Este ensanchamiento es su belleza. La belleza no es un valor referido a algo, una forma preestablecida, una realidad estética; la belleza es la cara del ser, el resplandor de su vida, su gloria.

2 - La reciprocidad, condición previa de la conciencia: *sunaisthanesthai*

La *philia* y el goce del bienaventurado

Pero ¿cómo el hombre, que alcanza la vida más alta: la vida contemplativa, tiene aún necesidad de la amistad? La actividad del espíritu, que no busca ningún objetivo exterior, comporta un placer perfecto que le es propio[329]. De forma

---

[329] Aristóteles, *Ética a Nicómaco* (X, 7, 1177b 22) (X, VII, 7).

general se puede decir: «El placer que le es propio acrecienta la actividad»[330].

El placer de la vida contemplativa lo acrecienta. Es el más grande de todos, el soberano bien, ya que es el placer ligado a la actividad propia del hombre: la del intelecto; es lo mejor que hay en el hombre: «lo que hay de más divino en nosotros»[331]. La existencia del bienaventurado está incluso más allá de la condición humana, ya que su conciencia se semeja a una conciencia perfecta, a la de Dios:

> No es, en tanto que hombre, que el hombre vivirá de tal suerte, sino en tanto que tiene en sí algo de divino[332].

Esta existencia perfecta ¿no sería autosuficiente como la de Dios? El hombre que alcanza la felicidad perfecta ¿no se convertiría en un solitario? Aristóteles desechó tal suposición. El bienaventurado, ciertamente, no tiene necesidad del otro, ni por su utilidad ni por su agrado. Pero tiene «necesidad» de una necesidad superior: la presencia de un amigo, para gozar plenamente de su dicha de hombre virtuoso e, incluso, de esta vida divina: la vida según el intelecto, ya que la dicha no es una posesión que se acumula sino una actividad, una actualización, una *energeia*.

Dijimos, al principio de esta exposición, que la felicidad es una actividad. Y bien, la actividad es evidentemente un devenir; no está en nosotros en estado estático como una cosa poseída. Por consiguiente, ser feliz consiste en vivir y ejercer un cierta actividad y la actividad del hombre de bien es buena y placentera por sí misma, como lo dijimos al principio[333].

---

[330] *Ibíd.*, (X, 5, 1175a 30) (X, V, 2).
[331] *Ibíd.*, (X, 7, 1177a 15) (X, VII, 1).
[332] *Ibíd.*, (X, 7, 1177b 27) (X, VII, 8).
[333] *Ibíd.*, (IX, 9, 1169b 29-31) (IX, IX, 5).

Y porque la presencia de amigos permite, a la actividad del hombre feliz, ser más continua, «no es fácil ejercer, solo, una actividad de manera continua; es más fácil ejercerla con otros y para otros»[334]. Pero, sobre todo, la contemplación de *lo que nos es propio* nos es más fácil en el otro, que en nosotros mismos. Ahora bien, lo que *nos es propio* es la virtud y, por encima de todo: la vida del espíritu:

> En fin, nos es más fácil considerar al prójimo que a nosotros mismos y a las acciones del otro más que a las propias. Las acciones de los hombres virtuosos, que son sus amigos, serán pues más placenteras para los buenos (en efecto, ellas reúnen en sí mismas las dos cosas que son placenteras por naturaleza). El bienaventurado tendrá necesidad de amigos de este tipo, ya que no desea nada tanto como considerar actualmente acciones excelentes y que le son propias y que son las acciones del hombre de bien, si él es su amigo[335].

En la acción virtuosa del amigo se encuentran reunidas las dos cosas placenteras por naturaleza: la amistad y la virtud. Pero ¿por qué el bienaventurado tiene necesidad de amigos para contemplar *lo que le es propio*? Según la interpretación de Gauthier, el otro es aquí «para el virtuoso, un espejo necesario para contemplar su propia actividad». Gauthier critica la interpretación de Burnet, según el cual:

> La raíz de la amistad es la conciencia de sí: es porque está dotada de ese poder de reflexión sobre sí misma que es la conciencia y que el hombre puede extender al otro los sentimientos que experimenta hacia sí mismo; esta extensión, es la amistad misma.

---

[334] *Ibíd.*, (IX, 9, 1170a 6) (IX, IX, 5).
[335] *Ibíd.*, (IX, 9, 1169b 33 - 1170a) (IX, IX, 5).

Pero —observa Gauthier— Dios, que es pura conciencia, no tiene necesidad de amigos. Si el hombre tiene necesidad de amigos, no es porque posea conciencia, sino porque la posee en un grado imperfecto:

> Sentimos mejor el bien del otro, que el propio bien y, por tanto, experimentamos más goce, aunque sea menor[336].

Gauthier añade, comentando el argumento anterior de Aristóteles:

> Si tenemos necesidad de amigos, es aún porque nuestras actividades, ya se trate de actividades de las que tomamos conciencia o de nuestra actividad misma de toma de conciencia, son precisamente actividades, es decir, actualizaciones, pasajes de la potencia al acto y, como tales, engendran en nosotros una fatiga que se opone a su continuidad; nos faltarán amigos para relevarnos...

Conciencia pura y Acto puro, el Dios de Aristóteles es autosuficiente. ¿Ocurre lo mismo en el hombre? ¿Puede decirse que, al ser Dios de una naturaleza que no tiene necesidad de amigos, que el hombre, que se le asemeja por la contemplación, tampoco tiene necesidad de ellos?

> (...) con semejantes razonamientos, se probará también que el virtuoso no piensa nada; ya que no es pensando en otra cosa diferente de sí, que Dios es perfecto, sino estando por encima de la necesidad de pensar lo que sea de otro, que él es sí mismo. Y la razón de todo esto, estriba en que nuestra perfección está condicionada a la relación con otra

---

[336] Cf. Gauthier y Jolif, *op. cit.*, vol. II, p. 761.

cosa, mientras que Dios es, él mismo, su propia perfección[337].

Nuestra perfección es relación con otra cosa, dice Aristóteles. Pero, bien visto ¿no es, en el fondo, relación con el otro? Ahora bien, si la relación con el otro fuese descubierta en el origen de la conciencia de sí ¿no habría que concluir el razonamiento de Gauthier y reconocer que no es ni la conciencia de sí, ni la imperfección de la conciencia de sí, la que constituye la raíz de la amistad, sino, por el contrario, que es la amistad la raíz y que, ahí, reside nuestra perfección?

¿Se puede mostrar esto a partir del texto de Aristóteles? Si así fuese, se aclararía la afirmación, por lo menos enigmática, según la cual lo que nos es propio es más fácil de contemplar en el otro, que en nosotros mismos.

La conciencia ¿supone la reciprocidad?

A menudo se considera que la conciencia es individual, antes de ser considerada como una relación con el otro. En todo caso, este es el razonamiento de Aristóteles, si se sigue la traducción de Gauthier y otras traducciones habituales:

> Aquel que ve, siente que ve; el que escucha, que escucha; el que camina, que camina e igual en todas las otras cosas hay algo **que siente** que ejercemos una actividad (*esti ti to aisthanomenon oti energoumen*), que siente, por consiguiente, que sentimos, si sentimos y si pensamos, que pensamos.

---

[337] Aristóteles, *Ética a Eudemeneo* (VII, 12, 1245b 14-19), de acuerdo a Gauthier y Jolif, *op. cit.*, vol. II, p. 761.

Pero sentir que sentimos o pensamos, es sentir que somos (ya que, como dijimos, ser es sentir o pensar).

Sentir (*aisthanesthai*) que se vive, es algo placentero en sí mismo (ya que la vida es un bien por naturaleza y sentir el bien presente, en nosotros mismos, es agradable).

Por otra parte, el hecho de vivir es deseable especialmente para los hombres buenos, ya que, para ellos, ser es un bien y un placer, ya que **tomar conciencia** (*sunaisthanomenoi*) del bien presente en ellos, les produce placer.

Pero lo que él experimenta respecto de sí mismo, el virtuoso lo experimenta respecto de su amigo (ya que el amigo es otro-nosotros-mismos). Así, pues, como nuestra propia existencia es, para cada uno de nosotros, deseable, igualmente o de forma análoga, lo es la existencia de nuestro amigo.

Ahora bien, el hecho de ser, lo hemos dicho, es deseable en cuanto sentimos que somos buenos; sensación que es placentera por sí misma. Así que debemos también **sentir en común** (*sunaisthanesthai*) con nuestro amigo, su existencia, y eso lo podremos sentir, a condición de vivir en común con él (*suzên*), es decir, de comulgar (*koinônein*) con él a través de palabras y pensamientos; ¿no es esto, por unánime confesión, lo que se llama, entre los hombres, vivir en común (*suzên*) y no, como para el caso del ganado, el simple hecho de pastar en la misma pradera?[338].

El pasaje es crucial. Los traductores (y el diccionario Bailly) le dan aquí al verbo *sunaisthanomai*, a pocas líneas de intervalo, en una primera instancia, un sentido derivado de tener conciencia; en segunda instancia, su sentido propio, a saber: sentir en común, sentir-con. Justo cuando utiliza, algunas líneas más adelante, este mismo verbo en su sentido

---

[338] Aristóteles, *Ética a Nicómaco* (IX, 9, 1170a 29 - 1170b 13) (IX, IX, 9-10).

propio de sentir-en-común, Aristóteles le dará entonces la acepción derivada de tomar-conciencia, en ese pasaje clave en el que evoca la alegría que es para los «buenos» la presencia del bien en ellos. Ahora bien, ese sentido aparecería aquí por primera y única vez en toda su obra. Gauthier lo nota pero concluye: «Ese sentido tenía que aparecer en algún lugar por primera vez»[339].

Admitamos la coherencia de la interpretación: tenemos conciencia de nuestra propia existencia y ello es goce. Es un goce particular, para los hombres de bien, ya que su alegría es conciencia del bien que hay en ellos. En un segundo tiempo, sentimos en común con nuestro amigo su propia existencia y el sentimiento del bien propio que hay en él. Y la condición de ese sentir en común, *sunaisthanesthai*, es la vida en común, *suzēn*, la comunión, *koinonia*.

Pero hay otra coherencia posible y que permite dar, las dos veces, su sentido habitual al verbo *sunaisthanesthai*. Hay, en nosotros, un no sé qué que siente (*ti to aisthanomenon*) si sentimos que sentimos, si pensamos que pensamos. Ahora bien, recién cuando Aristóteles llega a la alegría de los hombres de bien (*agathoi*), que sentir, *aisthanesthai*, es reemplazado por *sunaisthanesthai*. Traducimos:

> (...) porque, para ellos, ser es un bien y un placer, ya que sintiendo juntos lo que es un bien por sí, se colman de alegría; lo que el virtuoso experimenta respecto de sí mismo, lo experimenta también respecto de su amigo (ya que el amigo es un otro-sí).

Es el mismo «sentir» original, la misma conciencia, la que se aplica al hecho de ver, escuchar, caminar, estar vivo y a la alegría de los virtuosos. Pero, ahí, se revela lo que no aparece en la conciencia de ver, escuchar, caminar... Ya que la

---

[339] Gauthier, *op. cit.*, vol. II, p. 759.

conciencia de la virtud lleva el otro en sí. Por tanto, la alegría de los hombres de bien no es, primero, conciencia individual para, enseguida, en un segundo tiempo, ser una conciencia compartida. El otro es un-otro-yo, repite Aristóteles. ¿La proposición no puede ser invertida: en la alegría del uno, no estaría la del otro? Si nos es «más fácil considerar al prójimo que a nosotros mismos», es que la *philia* no es solamente una puesta en común del sentimiento de existir de cada uno. Ella tiene un rol más inmediato, un rol en la revelación del ser. El hombre feliz ama comulgar con sus amigos, porque ese sentimiento compartido en la igualdad, es superior al sentimiento que él tiene de sí mismo. El sentimiento de sí no sólo está redoblado por el sentimiento de la existencia de su amigo; este sentimiento le es revelado, a él mismo, por el «vivir con» su amigo: la *philia* es un sentimiento de la existencia más originario, en el orden del ser, que la misma conciencia de sí.

Si se acepta esta coherencia, ¿puede sostenerse que el sentir original sería el sentir-con? ¿Es la estructura de reciprocidad la matriz de la conciencia o bien hay que mantener la vieja tesis que sostiene que la conciencia humana aparece en el individuo?

Desde Hegel, la filosofía contemporánea busca reencontrar la inter-subjetividad en la fuente de la conciencia y sobrepasar, así, una filosofía moderna marcada, siguiendo a Descartes, por la primacía de un sujeto solitario. Pero, el hecho de «sentir juntos» era quizá evidente para Aristóteles.

De seguir el razonamiento de los autores citados, se tiene la impresión de que *esti ti to aithanomenon* significaría una sensación primera que habitaría el «ver» y, de la misma forma, el «pensar» y que sería el sentimiento de sí, propiamente dicho, para, luego, fusionarse con la otras conciencias de sí. Sin embargo, Aristóteles afirma que comprendemos mejor lo que nos es propio, en el otro, que en nosotros mismos. En opinión nuestra, la relación de reciprocidad es la que da a cada uno la conciencia del otro en él; la reciprocidad es la matriz de una conciencia común: primer sentido de *sunaisthanomai*, que se

239

convierte, luego, en la *conciencia de conciencia* del individuo, la conciencia de sí: segundo sentido de *sunaisthanomai*. «Hay algo que siente»... *esti ti to aisthanomenon* es una experiencia de conciencia que reenvía al hecho de que, para Aristóteles, la conciencia tiene, como condición de existencia, lo político que es lo que diferencia al ser humano del animal.

No es por placer que los virtuosos tienen necesidad de amigos, ya que su alegría viene de su pensamiento; sino que, si tienen necesidad de amigos, es para poder pensar. Hay que leer el texto de manera recurrente: lo que se dice al principio se aclara por lo que se descubre luego; es la intimidad del amor y su estructura de reciprocidad lo que nos enseña sobre la *philia* de los amigos; ésta sobre la conciencia y la conciencia de sí; y en fin, sobre la sensación primera de ver y caminar. Hay que tomar al pie de la letra la conclusión de Aristóteles:

> Así que debemos también **sentir en común** (*sunaisthanesthai*) con nuestro amigo, su existencia, y eso lo podremos sentir, a condición de vivir en común con él (*suzên*), es decir, de comulgar (*koinônein*) con él a través de palabras y pensamientos; ¿no es esto, por unánime confesión, lo que se llama, entre los hombres, vivir en común (*suzên*) y no, como para el caso del ganado, el simple hecho de pastar en la misma pradera?

La intimidad

La *philia* y, sobretodo, el amor nos revelan lo que en verdad nos es propio. Ahora bien, una estructura: la reciprocidad, es la condición de esta revelación.

Aristóteles resume su demostración de la siguiente manera: la amistad es comunión (*koinonia*).

Añadid que tales sentimientos, que se sienten respecto de sí mismo, se los experimenta también con el amigo; por tanto, tratándose de sí mismo, si sentir que existimos es placentero; también es placentero si se trata del amigo; pero es en la vida íntima que se manifiesta esta sensación; por tanto, se tiene toda la razón para desear la vida de intimidad (*suzên*)[340].

(*Suzên*), «vivir-con»: es una palabra preciosa. La vida de intimidad es el acto de la amistad; ella le permite expandirse a la amistad. Ahora bien, la intimidad no pertenece ni al uno ni al otro. *Koinonia* es un concepto que significa, simplemente, asociación. En el libro VII, *koinonia* designa las diferentes formas que hay de solidaridad. En primer lugar, se trata de la «amistad útil», en la que la vida en común está fundada sobre una comunidad de intereses. Sin embargo, Gauthier comenta a este propósito que el fin último de la vida en común no es el interés, la simple vida material (*zên*, vivir), sino la vida moral que estriba en vivir bien (*euzên*: vivir bien).

La realización de este fin supone (...) que, por encima de las relaciones de negocios, florece la vida íntima, el *suzên*[341].

A partir de esta relación, vivir-con (*suzên*) y comunidad (*koinonia*) se convierten en comunión.

Pero la interpretación clásica (de la que aquí Gauthier es para nosotros el portavoz) que no reconoce que la conciencia procede de la relación, tampoco reconoce que la amistad proviene de la relación. La comunión sería entonces una suerte de puesta en común. Pero ¿qué es lo que sería puesto en común? ¿Qué sería ese «bien» que los virtuosos «sentirían» en ellos, antes de sentirlo en común con sus amigos? La

---

[340] Aristóteles, *Ética a Nicómaco* (IX, 12, 1171b 32 - 1172a) (IX, XII, 1).
[341] Gauthier, *op. cit.*, vol. II, p. 768.

interpretación de Gauthier mantiene fuertemente la idea de que el acto de virtud es esencialmente individual.

> No se posee la virtud en común. El acto de virtud es esencialmente decisión y la decisión es el individuo mismo[342].

Es irrefutable: si es cierto que todas las virtudes implican al Otro, no por ello dejan de remitirse al que actúa. Pero, prosigue Gauthier, si el acto de virtud es individual, los actos de virtud pueden parecerse.

> Fundada en el parecido de los actos individuales en sí mismos, la amistad virtuosa (...) desemboca en una suerte de fusión de conciencias: la *koinonia* no es su punto de partida; ella es el acto mismo en que la amistad se expresa y florece.

La *koinonia*, pues, no es condición sino resultado de la *philia*. Y Gauthier la reenvía al cumplimiento de la amistad, ya que la concibe como fusión de conciencias idénticas.

Así, pues, el Otro es reducido a no ser sino el espejo del Mismo, necesario para que el virtuoso pueda contemplar su propia actividad. El bien del Otro no es sino una imagen de mi propio bien y la amistad deviene una variante del narcisismo. Esos amigos, que practican el bien lado a lado, evocan irresistiblemente la imagen de los héroes en el combate, que practican la emulación y se exaltan de su semejanza. De la identidad a la fusión, hay poca distancia. Es en ese sentido que Gauthier, citando a Jenofonte, interpreta el mundo imaginario del guerrero, a propósito de amistades cantadas por los poetas.

> En el poema de Homero, lo que Aquiles venga gloriosamente en Patroclo, no es un "*mignon*", es un amigo

---

342 *Ibíd.*, p. 769.

muerto. Orestes y Pilado, Teseo y Piritas, y tantos otros semidioses de los más célebres, no son cantados por los poetas por haber dormido juntos, sino por haber puesto, los unos y los otros, su alegría en hacer juntos las acciones más grandes y más bellas[343].

Pero Aristóteles… e incluso Jenofonte, ¿no expresan otra cosa que una ideología militar, identitaria y fusional? La comunión no es fusión y las conciencias no son necesariamente idénticas. Si esto fuera así, cuantos más amigos hubiera, más amistad habría.

Ahora bien, para definir la estructura que produce la *philia*, Aristóteles parte del amor, del cara a cara del amor:

> Así como para los enamorados no hay nada más precioso que contemplar a sus amados y es ésta, justamente, la sensación que eligen preferentemente sobre todas las demás, ya que es ella la que hace nacer y mantiene el amor, así también, para los amigos, no hay nada más deseable que la vida de intimidad. La amistad, en efecto, es comunión[344].

La exigencia de la *philia* es de la misma naturaleza que la del amor: ella supone una estructura relacional más compleja que el simple ponerse en contacto; ella no se reduce a la acumulación de lo mismo. No puede dirigirse a un gran número, menos aún a todo el mundo indistintamente. La intimidad no puede ser compartida sino con pocos amigos, ya que requiere de una estructura de reciprocidad.

> Si se trata de una amistad perfecta, no es posible ser amigo de muchas personas, así como no es posible estar enamorado de muchas personas a la vez; (ya que el amor

---

[343] Platón, *El Banquete* (VIII, 31), citado por Gauthier, *op. cit.*, p. 763.
[344] Aristóteles, *Ética a Nicómaco* (IX, 12, 1171b 29) (IX, XII, 1).

243

tiene un punto extremo y tal punto desemboca normalmente en una persona única)[345].

La *philia* y la intimidad suponen, en efecto, una estructura particular: la reciprocidad simétrica. Aristóteles no encara las formas complejas de la simetría, por ejemplo, las estructuras elementales del parentesco. Aquí no se ocupa sino del principio y de la posibilidad de reproducir con algunos amigos, forzosamente poco numerosos, la relación simétrica de dos. El paradigma de esta reciprocidad simétrica, es el amor. En esta estructura, el otro no es un espejo que reenviaría sólo la imagen del mismo. El otro no tiene necesariamente la misma idea, el mismo sentimiento. Pero contribuir, el uno y el otro, al nacimiento de la idea y del sentimiento, esa es la obra, la *energeia*, la dinámica creadora de la *philia*.

Entonces ¿hay que desechar definitivamente la metáfora del espejo? Ello es tanto menos fácil, cuanto que esta metáfora se encuentra en todos los primeros comentaristas de Aristóteles, como el autor de la *Gran Ética*... digna de haber sido atribuida por mucho tiempo a Aristóteles y de la que los exegetas estiman que es fiel a su pensamiento.

> No podemos contemplarnos a nosotros mismos a partir de nosotros mismos... Así como, cuando queremos contemplar nuestro rostro, lo hacemos mirándonos en un espejo, de igual modo, cuando queremos conocernos a nosotros mismos, nos conocemos viéndonos en un amigo. Pues el amigo, decimos, es otro nosotros-mismos[346].

Si hay espejo ¿quién es este otro nosotros-mismos que contemplamos? ¿Por qué esta imagen objetiva me sería más

---

[345] *Ibíd.*, (VIII, 7, 1158a 12) (VIII, VI, 2).

[346] *Magna Moralia* (1213a 15-24), citado por Pierre Aubenque, « L'amitié chez Aristote », Actes du VIII Congrès des Sociétés de Philosophie de langue française, Paris, PUF, 1956.

accesible que mi sentimiento interior? Lo que contemplamos en el otro más fácilmente que en nosotros mismo no puede ser nuestro yo, nuestra identidad particular. Es más bien nuestra humanidad, nuestro espíritu, ese *'noos'* del que participamos misteriosamente. Pero la pregunta sigue. ¿Por qué percibiríamos el espíritu más fácilmente en el otro que, sin mediaciones, en nosotros mismos? Es que el otro es mucho más que mi doble. Es que la relación de reciprocidad, amistad o amor, es la creadora de esta realidad superior que Aristóteles llama «lo que nos es propio» y que, por tanto, es irreducible a la identidad de cada quien.

Hay que conceptualizar «lo que nos es propio» como el «Tercero» de la reciprocidad. Con la amistad, o su punto extremo: el amor, aparece algo indivisible e irreducible a la naturaleza de los asociados. Ese sentimiento es ante todo personal, ya que imbuye la conciencia de cada quien de la ilusión de que tiene su origen en el individuo. Pero su matriz es una estructura que hace intervenir al menos a dos personas. El sentimiento común, que resulta de ello, es más originario que el sentimiento individual: el Tercero no podría existir sin esos dos polos de la relación de reciprocidad, ni ellos sin él.

Siempre es un justo medio, irreducible a una simple proporción entre dos extremos; el es también un extremo. Pero ya que el Tercero no puede existir sin el otro, lo veo primero irradiar en su rostro. De ahí la idea del espejo… Lo que el espejo refleja, no soy yo, es lo que no es en mi sino el ser revelado por el otro.

¿No es esto lo que Aristóteles tiene a la vista cuando habla de la «intimidad» y la *koinonia*? ¿No es ésta la estructura de reciprocidad, de la que la *philia* es la clave de bóveda? Vivir en común, no es pastar juntos en la misma pradera.

La gracia

La alegría viene del otro, pero no como si se tratase de un intercambio: esta alegría, propiamente, no nos pertenece más de lo que tampoco nos pertenece el amor. Pertenece a la reciprocidad. La amistad es, esencialmente, el fruto de la reciprocidad. Por tanto, no es unilateral; tampoco es interesada; sólo exige que el otro comparta la misma actitud. Gauthier y Jolif subrayaron que *philia* es un amor recíproco que, si incluye el don desinteresado hasta el sacrificio de sí[347], incluye también el deseo y la distensión[348]. Ellos analizan la *philia* oponiéndola al *agapê* cristiano:

> La *philia* no es un don gratuito; no se trata, para ella, de dar sin recibir; pero tampoco es deseo puro; no recibe sin dar; mezcla de don y de deseo, ella da de lo que recibe y es, por ello, que no es propiamente, ni como el *erôs*: el amor de lo inferior por lo superior, ni como el *agapê*: el amor de lo superior por lo inferior, sino, hablando con propiedad, el amor de lo igual por lo igual; amor desinteresado, en ese sentido, que no exige por precio de su amor sino el amor, pero que no por ello deja de ser intercambio, ya que el intercambio, para Aristóteles, es de la naturaleza misma de la amistad; la amistad se degrada en amistad interesada, útil, solo cuando, en vez de ser un intercambio de amor, se convierte en un intercambio de bienes materiales[349].

Discutiendo el término de gratuidad, reemplazando, luego, el término de intercambio por el de reciprocidad... ¡uno podría suscribir este comentario! Aristóteles, dicen Gauthier y Jolif, no tiene ninguna idea de un amor-*agapê*, inmotivado,

---

[347] Aristóteles, *Ética a Nicómaco* (IX, 8, 1169a 18-34).
[348] *Ibíd.*, (IX, 5, 1166b 33).
[349] Gauthier, *op. cit.*, vol. II, p. 690.

gratuito, condescendiente, tal como el cristianismo[350] se representó el amor divino. Gauthier y Jolif entienden por *gratuito* un don unilateral y critican, a justo título, esta unilateralidad del don respecto de la reciprocidad. Sin embargo, el don recíproco no es por ello menos gratuito. En la reciprocidad, el don de retorno es un segundo don; cada don permanece gratuito y exige, incluso, la reciprocidad de esta gratuidad. Por ello, la expresión «intercambio de amor» es una contradicción en los términos. Así, pues, la idea de intercambio traiciona la gratuidad del amor. Gauthier y Jolif reconocen que la *philia* es esencialmente recíproca. Pero la reciprocidad no está ordenada, según el retorno del don, en un espíritu de intercambio; está, más bien, ordenada al nacimiento del ser, del Tercero, y es por ello que el don puede ser gratuito y la reciprocidad necesaria. Es porque la reciprocidad crea un Tercero, que no se puede amar sin esta reciprocidad; pero este Tercero no pertenece a nadie. No es medible, ni cuantificable. El Tercero es pura gracia. La idea de reciprocidad se adecua, pues, muy bien a la idea de gracia, y la gracia desaparece apenas el intercambio reemplaza a la reciprocidad.

Christian Meier, que reconoce en la gracia el valor político más alto entre los Griegos, subraya su relación con la reciprocidad:

La palabra *charis*, con todas sus connotaciones, pertenece al mundo arcaico de los intercambios del don. Designa también, de una forma peculiar, la gracia, el favor con todos sus dones y complacencias, y el reconocimiento que le es debido; ilumina todo el dominio de la largueza, la deferencia y la reciprocidad, así como la forma agradable,

---

[350] O, por lo menos, un cierto fundamentalismo cristiano, concretamente: protestante, tal como expresa la teología de Nygren, en su célebre obra *Eros y Agapê*, posición que citan Gauthier y Jolif y que no parecen refutar.

amena y graciosa de comportarse entre donante y beneficiario[351].

Y tal como la justicia o la amistad, la gracia es un sentimiento en el que la unidad no debe enmascarar que ésta resulta, de hecho, de un comportamiento contradictorio:

> Con la gracia, la debilidad aparente o, más bien, la reserva que no pretende arrogarse nada, deviene una fuerza. Se puede representar ello muy concretamente: entre las numerosas condiciones de existencia de una comunidad cívica, nunca se omitía incluir el *aidos*, es decir, el temor respetuoso, la vergüenza, el pudor. En Homero, el "pudor afable" es una de las características de la *charis* y, en Hesíodo, es suscitada por la *charis*[352].

Un caso extremo, aclara la paradoja de la gracia pura y de la reciprocidad: Aristóteles cita el caso de las madres obligadas a llevar a sus hijos a las nodrizas, que no reciben de los niños el retorno de su amor[353]. Pero he aquí que la misma reciprocidad se encuentra abocada al acto de amar, como si el amor fuera, según la bella imagen de la madre, la cuja que cobija al amante y al amado. La madre, que no introduce al niño en el lenguaje, por el diálogo, lo está conduciendo al autismo. Así, pues, la reciprocidad del lenguaje precede a la madre. Incluso más: es por el hijo que ella accede a la gracia de ser madre. Es por la reciprocidad, inscrita en el lenguaje, que la madre y el niño se fundan como Humanidad.

---

[351] Christian Meier, *Politik und Annut*, (1985), trad. fr. : *La politique et la grâce. Anthropologie politique de la beauté grecque*, Paris, Seuil, coll. « Des Travaux », 1987, p. 37.
[352] *Ibíd.*, p. 50.
[353] Aristóteles, *Ética a Nicómaco* (VIII, 9, 1159a 28) (VIII, VIII, 3).

Es por ello que la amistad no es unilateral, sino en apariencia, como el amor, en el amor de la madre, y como el amor del artista por su creación:

> Ha de confesarse, también, que la amistad consiste más, en amar, que en ser amado[354].

Por tanto, la virtud de los amigos estriba en amar. Sin embargo, el acto de amar no es el amor que desciende de lo superior hacia lo inferior; no desprecia el mérito de cada quien, ya que no podría ser injusto. Es, más bien, la elevación de lo inferior a la igualdad.

> Consecuentemente, aquellos que aman a alguien que lo merece, en proporción a su mérito, ellos serán amigos para siempre; quiero decir que su amistad será duradera y es, sobre todo, de esta forma que las personas desiguales podrán ser amigas, ya que se pondrán en pie de igualdad[355].

Reconocer al otro de ser más que sí mismo y, por ello, amarlo más, es la forma por la que el amor se eleva a la altura de su exigencia. En el amor, la desigualdad es el resorte de igualdad. La existencia perfecta, del Dios de Aristóteles, es la autosuficiencia. El ser humano, en cuanto tal, no puede acercarse a la perfección sino por la vía del otro, por mediación de la *philia*.

Como subrayó Aubenque:

> Una elucidación ontológica de la antropología de Aristóteles (...) tendría que mostrar cómo la acción moral imita, por el rodeo de la virtud y de la relación con el otro, lo que, en Dios, es inmediatez de la intención y del acto,

---

[354] *Ibíd.*, (VIII, 9, 1159a 27) (VIII, VIII, 3).
[355] *Ibíd.*, (VIII, 10, 1159b 1) (VIII, VIII, 4-5).

dicho de otra forma: autarquía; cómo, por tanto, la mediación virtuosa o amigable realiza, a través de "la relación con el otro", un Bien que es, en Dios, coincidencia de sí con sí[356].

Así, pues, la *philia* es esencialmente mutualidad, reciprocidad, relación con el otro y es, al mismo tiempo y por esencia, gratuidad. La gracia no desciende del cielo; es obra humana. Gauthier y Jolif constatan que Aristóteles no tiene ninguna idea del *agapê* y parecen deplorarlo. No es sorprendente, entonces, que no tomen en serio el homenaje de Aristóteles a las Gracias, que toman por un juego de palabras... que, sin embargo, hará fortuna: para los estoicos, según Séneca[357], las Gracias son tres porque los beneficios deben ser dados, recibidos y devueltos[358].

Dar, recibir, devolver, es la triple obligación del don, que Marcel Mauss redescubrirá, en tanto que no es reducible a un intercambio comercial.

---

[356] Pierre Aubenque, *Le Problème de l'Être chez Aristote*, Paris, PUF, (1962), Reed. 1991, p. 504.

[357] Séneca, *De los Beneficios* (I, III).

[358] Cf. Gauthier, Aristote, *L'Éthique à Nicomaque, op. cit.*, vol. II, p. 376.

3. EL INTERCAMBIO EN LA TEORÍA DE ARISTÓTELES

1 - Intercambio de equivalentes e intercambio en vista del provecho

La economía política de Aristóteles ha sido confundida con una teoría de la economía de intercambio... juzgada, a menudo, como decepcionante. Tal, por ejemplo, la opinión de Schumpeter: la economía política de Aristóteles dependería de un «sentido común modesto, prosaico, ligeramente mediocre y generalmente teñido de sobre énfasis»[359]. ¿No sería más justo interpretarla como una teoría de la economía de reciprocidad; una teoría que toma en cuenta la alienación del don y que no ignora el intercambio, pero que lo sitúa en el marco de la reciprocidad?

En las comunidades originarias[360] donde los bienes se redistribuían por reciprocidad y repartición (*metadosis*[361]) no era

---

[359] Joseph A. Schumpeter, *History of Economics Análisis* (1954), citado por Finley en *Économie et Société en Grèce ancienne*, Paris, La Découverte, 1984, p. 264; Ver también K. Polanyi y C. Arensberg, *Trade and Market in the Early Empires. Economies in History and Theory* (1957), trad. francesa: *Les Systèmes Économiques dans l'Histoire et dans la Théorie*, Paris, Larousse, 1975. Al final de la obra de Finley se encontrará una bibliografía reciente sobre esta cuestión: ¿Hay una análisis económico digno de este nombre en Aristóteles?

[360] Aristote, *Politique* (I, 3, 1257a 19-25) (I, IX, 5), (traducción francesa de Jean Aubonnet, Paris, Les Belles Lettres, 1971 et1973).

[361] Aristóteles emplea para referirse a las relaciones de reciprocidad una terminología variada: *dosis, métadosis, antapodosis, amoibê*; para el intercambio en el sentido de reemplazar una cosa por otra, sentido que Finley califica de «neutro»: *allagê, metabletikê*. Para el intercambio especulativo, o la ganancia, Aristóteles emplea la expresión *kapêlikê* (el arte del pequeño comerciante) (cf. Finley (1984), *op. cit.*, p. 280). Pero ocurre que los traductores reemplazan la palabra don, o don con reciprocidad, por intercambio. Polanyi mostró que

necesario recurrir al intercambio; pero cuando las comunidades se dividieron y separaron, el intercambio (*allagê*) permitió ajustar los excedentes y las necesidades de los unos y los otros. Como quiera haya sido, ese tipo de intercambio no es aquí «contrario a la naturaleza», ya que no es una forma de adquisición de la riqueza con el objetivo de la ganancia. No es sino un expediente para corregir las imperfecciones de la reciprocidad. Sin embargo, es a partir de él que apareció el

---

en los tres textos fundamentales que tratan de la reciprocidad y del intercambio, en la *Política* y en la *Ética*, la confusión entre intercambio y reciprocidad reposa en particular sobre la traducción de la palabra *metadosis*: «En una sociedad arcaica en la que tenían lugar fiestas públicas, incursiones de grupos y otras reuniones en las que se practicaba la ayuda mutua y la reciprocidad, el término *"metadosis"* revestía un sentido operatorio particular −significaba "acción de dar una parte", sobre todo fondos comunes de alimentación en una fiesta religiosa, una comida de ceremonia o toda otra actividad colectiva y pública. Tal es la significación que el diccionario atribuye a *metadosis*. Su etimología subraya el carácter unilateral del don, de la contribución, del comparte; Sin embargo, nos encontramos frente a un hecho asombroso: en la traducción de los pasajes donde Aristóteles afirmaba con insistencia que el intercambio se derivaba del *metadosis*, el término es expresado por "cambio" o "trueque", lo que significa lo inverso. Este uso fue sancionado por el diccionario principal que tomaba la palabra *metadosis*, en esos tres pasajes cruciales, por excepciones (...). Los traductores modernos (...), al traducir *metadosis* por "intercambio" transformaron la afirmación de Aristóteles en un truismo vacío. Este error ponía en peligro todo el edificio del pensamiento económico de Aristóteles sobre ese punto crucial (...). El intercambio, concebido como viniendo del hecho de que cada uno comparte al fondo común de alimentación, era la clavija que mantenía juntos los elementos de una teoría de la economía fundada en el postulado de autosuficiencia de la comunidad y la distinción entre comercio natural y comercio no natural. Pero todo esto parecía tan extraño al espíritu de los traductores habituados al mercado, que encontraron refugio en una interpretación contraria al texto y perdieron finalmente el hilo de la argumentación». Karl Polanyi, « Aristote découvre l'économie », en Polanyi y Arensberg, *Les Systèmes économiques dans l'histoire et dans la théorie, op. cit.*, p. 116-117. Los tres pasajes cruciales son: *Ética* (V, 8, 1132b 33) (V V 6) y *Política* (I, 3, 1257a 24) y (III, 3, 1280b 20).

intercambio para el provecho[362]. El intercambio es legítimo cuando es limitado por las necesidades de las comunidades. Puede ser practicado al exterior si permite diversificar la redistribución al interior. Es igualmente legítimo entre comunidades emparentadas o al interior de cada una de ellas si respeta sus normas de reciprocidad. Una comunidad, en efecto, no tiene una necesidad ilimitada de cada valor de uso. Es, pues, posible definir, a partir del consumo general, un principio de equivalencia: la justa cantidad de riquezas que cada uno debe recibir del otro. Reservaremos la designación propuesta por Polanyi de «intercambio de equivalentes» para los intercambios que respetan ese principio.

Polanyi ha mostrado que, en la Antigüedad, el comercio por intercambio de equivalentes no interesaba solamente a las comunidades próximas las unas de las otras, sino que podía, gracias a los puertos de comercio, extenderse a grandes distancias. Esos puertos de comercio eran pequeños Estados conocedores de las normas extranjeras y que poseían equivalentes de intermediación que servían de moneda. Pero el puerto de comercio lejano, de Polanyi, no se reducía a una plaza de intercambio de equivalentes de reciprocidad. Los comerciantes libres, los *metecos*, se aprovisionaban de mercaderías según los procedimientos de intercambio y competencia. Usaban, igualmente, la moneda: la especulación se articulaba sobre las disparidades de equivalencias entre comunidades. Las mercaderías podían tener entonces dos precios: uno, fijado por la norma; otro, por la oferta y la demanda. De la misma forma, en el *agora*, los pequeños comerciantes (*kapêlos*) deducían una ganancia entre la compra y la venta. Ese pequeño comercio (*kapêlikê*) se perfeccionó y Aristóteles estigmatiza, bajo ese nombre, el comercio en vista del provecho[363].

---

[362] Aristóteles, *Política* (I, 3, 1256b 30-34) (I, IX, 7).
[363] Cf. Finley, *Économie et Société en Grèce ancienne, op. cit.*, p. 280.

La adquisición de riquezas, la *chrematistikê*, motivada por el consumo de la comunidad (*oikonomikê*) se distingue, desde ahora, de la adquisición que tiene su propio fin en sí misma: la ganancia[364], de donde, como subrayó Polanyi, emana un segundo sentido para *chrematistikê*: el arte de ganar dinero[365].

> Una vez, pues, que se inventó la moneda, a causa de las necesidades del intercambio, apareció una forma crematística, su forma comercial, que se manifestó, primero, de forma muy simple; luego, con la ayuda de la experiencia, con más arte, buscando de dónde y cómo vendría más ganancia por el intercambio[366].

Esos medios de lucrar son, esencialmente, el crédito y el monopolio[367].

Así, pues, según Aristóteles, el intercambio puede tener entonces dos finalidades: «vivir» o «vivir bien». Vivir solamente, para aquellos que colocan su objetivo en la obtención de bienes materiales o vivir bien, es decir, vivir según las reglas de la reciprocidad y de la ética[368].

2 - La justicia en el intercambio

En una comunidad, el consumo de los bienes de uso (*chremata*) es el límite que permite precisar las equivalencias, pero cada uno, para ser donante, debe inventar una producción susceptible de interesar al otro y, por tanto, ser

---

[364] Aristóteles, *Política* (I, 3, 1256a 1-8) (I, VIII, 1).
[365] Polanyi, « Aristote découvre l'économie », *op. cit.*, (p. 93-117).
[366] Aristóteles, *Política* (I, 3, 1257b 5-10) (I, IX, 10).
[367] *Ibíd.*, (I, 4, 1259a 10-18) (I, IX, 9).
[368] *Ibíd.*, (I, 3, 1257b 40 - 1258a 16) (I, IX, 16).

original. El límite del consumo induce así a la diferenciación de estatus y a un crecimiento cualitativo. Las diversas producciones pueden, sin embargo, no ser todas apreciadas de la misma forma. Así, por ejemplo, el magistrado o el médico son mejor considerados que el artesano o el agricultor. De ello se sigue una jerarquía entre los estatutos que se vuelve a encontrar en la obra, el «trabajo» (*ergon*) de cada uno:

> Nada impide que el trabajo de uno tenga más valor que el trabajo de otro (…). Ya que no son dos médicos los que constituyen una comunidad, sino, digamos, un médico y un agricultor o, en general, individuos diferentes y, por tanto, no iguales[369].

La teoría aristotélica de la justicia es una. La justicia exige, en todos los casos, que sea respetado el principio fundamental de la igualdad proporcional (*antipeponthos kat' analogian*). Pero este principio se traduce de forma muy diferente según la situación que se considere. Si existe un centro redistribuidor, por ejemplo: el Estado, que asigna los cargos y los honores, entonces la repartición entre las personas se hace en función del rango. Aquí se aplica la justicia distributiva (*to dianemêtikon dikaion*): «Si los individuos no son iguales, no recibirán partes iguales»[370].

Los individuos reciben desigualmente del Estado, pero sus obligaciones son también desiguales: reciben honores que también son cargos. Cada uno percibe en proporción a lo que da. Si los mismos individuos, diferentes y desiguales, intercambian entre sí el producto de su trabajo, el caso es totalmente otro. En vez de que el centro redistribuidor dé a cada cual en proporción a lo que ha dado, es necesario que cada quien reciba del otro en proporción a lo que él le da. El

---

[369] Aristóteles, *Ética a Nicómaco* (V, 8, 1133a 13-16) (V, V, 8-9).
[370] *Ibíd.*, (V, 6, 1131a 22) (V, III, 6). Ver también *Política* (III, IX, 3).

intercambio directo impone, pues, «igualar» las cosas intercambiadas... y lo que se plantea, entonces, es el problema de la evaluación de las cosas.

Tomás de Aquino inventó la noción de «justicia conmutativa»[371] para dar cuenta de esta igualdad establecida por el intercambio entre las cosas y los asociados mismos. Siguiéndolo, la tradición ha mantenido tres formas de justicia: distributiva, cuando la justicia debe ser proporcional a algo (mérito, necesidad, competencia...); conmutativa, cuando se trata de intercambio, y correctiva, para la aplicación de sanciones. Pero estas categorías no coinciden con las de Aristóteles.

En la *Ética a Nicómaco*, en dos capítulos consecutivos del libro V, todo él consagrado a la justicia, Aristóteles trata dos veces del intercambio; la primera, después de haber tratado de la justicia distributiva y proporcional, encaró el intercambio a propósito de la justicia correctiva *(to en tois sunallagmasi diorthôtikon)*; una segunda vez, a propósito de la reciprocidad proporcional *(antipeponthos kat' analogian)*. La justicia correctiva trata, a la vez, de las «*relaciones establecidas contra la voluntad*» de una de las partes, es decir, de actos de violencia pasibles de la

---

[371] Tomás de Aquino imagina esta noción a favor de un contrasentido sobre la traducción latina del texto de Aristóteles. Esto lo establece D. G. Ritchie, «Aristotle's Subdivisions of Particular Justice», en *The Classical Review*, 8 (1894), p. 185-192 (según Gauthier y Jolif): «El *dikaion to en tois sunallagmasi diorthôtikon* de Aristóteles era también rendido en la traducción de Robert Grosseteste: *una autem quae in commutationibus directiva* (1131 a 1); *reliqua autem una directivum quod fit in commutationibus et in voluntariis et involuntariis* (1131 b 25). La palabra importante era *directivum, diorthôtikon*, pero Santo Tomás, por el contrario, subrayó la palabra *commutationibus* y, frente a la justicia distributiva, no conoce, en su comentario sobre la *Ética*, sino la justicia conmutativa, que dirige los intercambios. En cuanto a la justicia correctiva, propiamente dicha, ella no es sino un aspecto secundario de la conmutatividad, y la importancia que Aristóteles daba a *diorthôtikon* pasa desapercibida». Cf. Gauthier y Jolif, *op. cit.*, vol. II, p. 370.

justicia penal o de la venganza[372], y de «relaciones establecidas con plena voluntad», venta, compra, préstamo de consumo, préstamo de uso, locación. En todos esos casos, la justicia correctiva consiste en restablecer la igualdad, en remediar la desigualdad de la injusticia.

Este doble análisis del intercambio plantea un problema. Aristóteles pareciera contradecirse: la justicia correctiva es igualitaria; la reciprocidad proporcional vuelve al principio de proporcionalidad de la justicia distributiva. ¿Cómo comprender este doble análisis?; y, antes, ¿por qué Aristóteles trata el intercambio, por primera vez, a propósito de la justicia correctiva? La escolástica[373] formuló la hipótesis[374] de que *diorthôtikon dikaion* está mal traducido por «justicia correctiva». Pero parece que se podría desechar ese punto de vista: *diorthôtikon* se relaciona bien con la idea de remedio, de reparación[375]. Si las relaciones establecidas con plena voluntad dan lugar a *corrección*, sería, se imaginó entonces[376], en el caso en el que uno de los contratantes no hubiera cumplido con su

---

[372] Gérard Courtois muestra que Aristóteles defiende la venganza y no la opone para nada a la justicia: «Si un sentimiento de semejante fuerza y de tal parentesco con la justicia debe ser eliminado del campo de los intercambios sociales –como la *intelligentsia* de la época comenzaba a creerlo y como está persuadida la actual– puede estar condenada la ciudad misma. Como si el pasaje de la ciudad al Estado se dejara anunciar en el encierro de la venganza». Gérard Courtois, « Le sens et la valeur de la vengeance chez Aristote et Sénèque », *op. cit.*, p. 91.

[373] La hipótesis ha sido planteada por Burnet, según Gauthier y Jolif, *op. cit.*, vol. II, p. 358.

[374] Cf. Gauthier y Jolif, *op. cit.*, p. 358 y p. 370. Los comentaristas de la *Escolástica* engloban, en su noción de «justicia directiva» (correspondiente al *dikaion diorthôtikon* de Aristóteles) la «justicia correctiva» (limitada a las transacciones cumplidas contra el deseo de una de las partes, *dikaion epanorthôtikon*) y la «justicia conmutativa», que dirige los intercambios y cubre la reciprocidad proporcional (*antipeponthos kat' analogian*).

[375] Según Gauthier y Jolif, *op. cit.*, p. 358.

[376] Cf. Stewart, según Jolif, *op. cit.*, vol. II, p. 359. Finley se suma a esta interpretación

compromiso: la idea de corrección acompañaría la reflexión de Aristóteles sobre el derecho penal, más de lo que enunciaría el principio del intercambio justo.

Pero, he aquí, que tal vez exista otra solución. En efecto, Aristóteles trata el intercambio al interior de una economía de reciprocidad e, incluso, cuando se trata de venta y compra, las analiza con las categorías del don[377]. En la economía de intercambio, un vendedor no «da» jamás su mercadería. No la cede sino a condición de recibir su precio, al contado o a plazo. Compra y venta son los dos puntos de vista de cada uno de los asociados (como dar y recibir, en el caso del don) pero constituyen las dos caras de una sola y misma transacción[378]. Pero si se interpretase la venta, en términos de reciprocidad, un vendedor comenzaría por «dar» su mercadería. Se concebiría entonces el pago como un segundo don, es decir, el contra-don que restablece el equilibrio de la reciprocidad. El pago «corrige» pues un desequilibrio, sin que haya que imaginar una falla del deudor. *Un intercambio es justo, cuando la ganancia del uno no es la pérdida del otro.* El intercambio que atañe a «las relaciones establecidas con plena voluntad» es interpretado, en ese contexto, en términos de «proporción aritmética», es decir, lo que hoy llamamos *promedio aritmético*:

---

[377] El vendedor hace papel de bienhechor desde el momento en que el pago es diferido (*Ética a Nicómaco*, VIII, 15, 1162b 30 (VIII, XIII, 6). Ahora bien, en cualquier caso, la «amistad legal» (*nomikê*, distinguida de *êthikê*) es la que se practica en los mercados (*agoraia*), donde el pago es inmediato, de mano a mano (*ek cheiros eis cheira*), Aristóteles todavía ve en esta forma, amistad. Es la reciprocidad la que mantiene la ciudad, y Aristóteles eleva hasta las Gracias la celebración del reconocimiento, *antapodosis*, el don de vuelta a quien lo tiene de derecho (V, 8, 1133a 2) (V, V, 7).

[378] Si la venta y la compra son un todo, los juristas hacen, en cambio, una distinción sobre este punto entre la venta y el «intercambio». En sus categorías, que difieren de aquellas de los economistas, la noción de intercambio está reservada al intercambio en natura de dos bienes. Ese contrato de intercambio es analizado por ellos en dos ventas, en las que cada una de las cosas intercambiadas es recíprocamente el precio de la otra.

Cuando las partes no tienen ni más ni menos, sino exactamente lo que tenían al comienzo, se dice que uno tiene su parte y que ni gana ni pierde[379].

Según un primer acercamiento a la justicia correctiva, no habría que tomar en cuenta sino los objetos.

Esa es también la razón por la cual se emplea la palabra *dikaion* ("justo"): que significa *dicha* (división en "dos partes iguales"): es como si se dijese *dichaion*; de igual modo el juez (*dikastès*) es un "divisor en mitades" (*dichastès*)[380].

Pero la noción de justicia no se detiene ahí, precisa Aristóteles: debe integrar la proporción entre los rangos. La reflexión sobre la justicia debe proseguirse con la reciprocidad proporcional. Ésta no contradice el principio de igualdad, precedentemente establecido, permite ponerlo en práctica, buscando resolver la cuestión de la evaluación de las cosas: ¿Cómo fijar la proporción en la cual, cosas cualitativamente diferentes deben ser intercambiadas para que el intercambio sea igual? La reciprocidad proporcional no es una tercera forma de justicia; se la aplica tanto a la justicia distributiva como a la justicia correctiva; ella es su principio común.

Ella se ilustra, en el capítulo siguiente, por la hipótesis de un intercambio directo entre los asociados de una comunidad. El intercambio se interpreta, esta vez, en términos de proporción geométrica: existe la misma relación entre dos productores y entre sus productos respectivos, A/B = C/D.

Si uno se interesa, dice Aristóteles, en el intercambio (*allagê*) entre un arquitecto A y un zapatero B, de sus obras respectivas, C y D, casa y zapatos, se puede primero escribir la proporción: A/B = C/D. Las obras de A y B están en la

---

[379] Aristóteles, *Ética a Nicómaco* (V, 7, 1132b 16) (V, IV, 14).

[380] *Ibíd.*, (V, 7, 1132a 30-32) (V, IV, 9).

misma relación que sus autores. Si A es de un estatuto superior al de B, el valor de C es superior al de D en la misma proporción. El intercambio consiste en realizar el apareamiento (*suzeuxis*) simultáneo de cada productor con la obra del otro, del arquitecto con los zapatos, del zapatero con la casa, de tal forma que la relación entre el arquitecto y el zapatero se mantiene. Aristóteles expresa este apareamiento por la adición de A con D y de B con C, y se quiere que la relación A + D/B + C sea igual a A/B. Para que la igualdad buscada se realice, hace falta primero haber «igualado» C y D.

Al establecer, primero, la igualdad proporcional (*to kata tên analogian ison*) de esos diferentes productos y al realizar, enseguida, la reciprocidad (*antipeponthos*), se obtendrá el resultado antedicho. Si no, el mercado no será igualitario y la comunidad no subsistirá[381].

¿Cómo se realiza la «igualdad proporcional» de los productos?

Es necesario que la relación que existe entre un arquitecto y un zapatero se encuentre tanto entre pares de zapatos y una casa o una cantidad dada de alimentos: si no, efectivamente, no habrá ni intercambio ni comunidad[382].

Es decir que la relación es idéntica, pero los términos se encuentran invertidos[383]. Aristóteles añade, según la traducción de Paulette Taïeb[384]:

---

[381] *Ibíd.*, (V, 8, 1133a 11) (V, V, 8).

[382] *Ibíd.*, (V, 8, 1133a 22) (V, V, 10).

[383] *Ibíd.*, (V, 8, 1133a 22) (V, V, 12). Gauthier y Jolif traducen: «Habrá entonces reciprocidad cuando las mercancías sean igualadas, de manera que la relación que existe entre un agricultor y un zapatero se reencuentre entre el trabajo del agricultor y el zapatero». Sin embargo, esta traducción restablece una ambigüedad, evitada en la traducción del pasaje precedente,

Así, pues, habrá reciprocidad, cuando se haya igualado, de manera que lo que el agricultor es al zapatero, la obra del zapatero lo sea a la del agricultor[385].

En ese caso se conoce la forma de evaluar lo que uno debe al otro. Si la relación A/B o C/D es conocida y uno de los protagonistas avanza su producto, el valor relativo del otro es deducido inmediatamente.

La mayor parte de los comentaristas reconocen que, para Aristóteles, el intercambio establece una *igualdad* entre asociados desiguales, pero sigue enigmático el cálculo de equivalencias a partir del estatuto de los productores. Parece difícil cuantificar una relación jerárquica entre estatutos. Aristóteles establece sólo el principio de que la misma relación se aplique a las obras, pero no da ningún criterio –hasta este punto de la demostración– que permitiría decir cuáles cantidades de la obra de A y de B están en la relación A/B. Si hubiese dado un criterio, el principio de las equivalencias estaría resuelto.

---

ambigüedad que suprime la posibilidad de determinar lo que se debe dar al otro, y que muestra hasta qué punto la idea de Aristóteles determinó dificultades de interpretación.

[384] Paul Jorion denunció el contrasentido de varios intérpretes de este pasaje: «Aristóteles escribe, en efecto, que el agricultor es al zapatero como el producto del zapatero es al producto del agricultor, tal como había escrito antes que el albañil es al zapatero como un número de zapatos es a una casa... La única traducción francesa correcta de este pasaje es la recientemente elaborada por Paulette Taïeb: «Es necesario pues que lo que el arquitecto es al zapatero, tal número de zapatos lo sea a la casa o el alimento (...)». (Paulette Taïeb y Serge Latouche, « Aristote et l'Économie politique », *Cahiers du Cerel*, nº 21, 1980, p. 1-65), citado por Paul Jorion, en « Déterminants sociaux de la formation des prix du marché. L'exemple de la pêche artisanale », *La Revue du M.A.U.S.S.*, nº 9, 1990, p. 71-106 (p. 104).

[385] Paulette Taïeb, « Aristote: la réciprocité », *La Revue du M.A.U.S.S.*, 3e trim., nº 9, 1990, p. 171-174 (p. 174) (Según *Ethica Nicomachea*, (V, 5), Oxford University Press, London, 1995, p. 98-101).

Pero ¿qué significa entonces la relación proporcional entre los productores? En primer lugar, la reciprocidad no sólo hace intervenir objetos sino también sujetos. Cuando trata del intercambio, Aristóteles somete el intercambio a su noción de lo recíproco, entendido no según la estricta igualdad sino según la proporción. El intercambio económico, cuando triunfa, consiste en considerar solamente la circulación de mercaderías y en olvidarse de la relación entre los productores. Marx denunciará esta ilusión como el fetichismo del valor: la relación entre los seres humanos reviste, para ellos: «la forma fantástica de una relación de las cosas entre sí»[386].

Marx podrá dar cuenta de la génesis del intercambio capitalista a partir de las mercancías M, M' y la moneda A. Aristóteles necesitó de cuatro símbolos para dar cuenta de su reciprocidad proporcional: A y B, los productores o, más exactamente, sus estatutos, y C y D, sus obras. La relación entre las cosas refleja la relación más fundamental entre los sujetos. La relación proporcional entre los productores significa en primer lugar... que el arquitecto y el zapatero ¡no son considerados sólo como productores! La producción no es el punto de partida del análisis económico de la reciprocidad. El arquitecto y el zapatero, incluso cuando intercambian, son considerados como donantes en un sistema de reciprocidad. Tienen un estatuto y un rango particular en la jerarquía social.

Sin embargo, el problema de las equivalencias consiste en encontrar una proporción cuantitativa entre cosas cualitativamente diferentes. Esta proporción es la misma que la de los estatutos, pero su expresión cuantitativa queda siempre difícil de evaluar. ¿Se puede encontrar un término medio que permita la comparación de las cosas entre sí? Se puede haciendo intervenir el criterio de la necesidad

[386] Karl Marx, *Le Capital* (I, I, IV), edición francesa: *Œuvres* (4 vol.), Paris, Gallimard, Bibliothèque de La Pléiade, 1965-1968.

comunitaria que permite hacerlos conmensurables; y sirviéndose de la moneda como unidad de cuenta:

En verdad, es imposible hacer conmensurables cosas tan diferentes; pero se puede hacerlo convenientemente si se tiene en cuenta la necesidad (*chreia*)[387].

Finalmente, para comparar las cosas entre sí, la necesidad aparece como el criterio directo de las equivalencias.

3 - La *chreia*

La noción de necesidad parece evidente y común a los Griegos y a los modernos. Sin embargo, al releer el pasaje de la *Ética*, que atañe a la fundación de la comunidad, se experimenta una reticencia ante esta equivalencia. ¿Es la necesidad sólo la expresión de una necesidad privada, lo que se llama la demanda en el sistema de libre cambio? ¿Qué quiere decir entonces *chreia*? El diccionario da por primer sentido de *chreia*: el uso de una cosa, *chreia tou logou*: el uso del discurso; y, por tanto, el servicio o la función. En Aristóteles sobre todo se emplea para nombrar los servicios en tiempos de guerra y en tiempos de paz[388]. También es, tal vez, la función o el estatus en el cual se establece alguien o aún las relaciones[389]. Finley traduce *chreia* por «necesidad», pero señalando:

He evitado traducir *chreia* por "demanda", como se hace habitualmente, por temor a que se introduzca inconscientemente el concepto económico moderno (...).

---

[387] Aristóteles, *Ética a Nicómaco* (V, 8, 1133b 18) (V, V, 14).

[388] El diccionario da por referencia: Aristóteles, *Política* (1, 6, 10).

[389] *Idem.* Aristóteles, *Retórica* (1, 15, 22).

El campo semántico de *chreia*, en los autores griegos, comprendido Aristóteles, incluye "uso", "ventaja", "servicio" y nos aleja aún más de "demanda"[390].

En la *Ética*, la *chreia* está definida como lo que mantiene unida a toda comunidad:

> Es necesario, pues que todas las cosas sean medidas por algo. Eso es, en verdad, la *chreia*, que mantiene juntas todas las cosas[391].

Para tener todas las cosas juntas, es necesario que la *chreia* sea recíproca.

> Es la necesidad la que, proveyendo de alguna unidad común, asegura la permanencia de las comunidades. Eso salta a la vista por el hecho de que, si la necesidad recíproca llegase a desaparecer –que las dos partes o una sola de ellas no tenga ninguna necesidad– no habría intercambio; igualmente, no hay intercambio si a uno le falta lo que el otro tiene: por ejemplo: vino, mientras los dos se proponen llevar trigo. Hay que igualar entonces la situación[392].

Aristóteles continúa justificando la moneda como la garantía para que el intercambio pueda cumplirse en un plazo, cuando las necesidades no se acuerden inmediatamente[393]. Para que haya intercambio y, por tanto, una comunidad es necesaria una interdependencia entre las necesidades.

La reducción de la *chreia* al interés privado, no recíproco, la «demanda», parece, sin embargo, explicar ciertas críticas.

---

390 Finley, *Économie et Société en Grèce ancienne, op. cit.*, p. 270.

391 Aristóteles, *Ética a Nicómaco* (V, 8, 1133a 26) (V, V, 11).

392 *Ibíd.*, (V, 8, 1133b 6-9) (V, V, 13), (traducción francesa de Gautier y Jolif modificada).

393 *Ibíd.*, (V, V, 14).

4 - La crítica de Marx

Marx, por ejemplo, reprochó a Aristóteles «la insuficiencia de su concepto de valor».

El genio de Aristóteles estriba en que descubrió, en la expresión del valor de las mercancías, una relación de igualdad[394].

Pero no llegó hasta descubrir ese «algo de igual» entre la casa, la cama y los zapatos, que los hace conmensurables entre sí: el trabajo humano. Si Aristóteles hubiera podido reconocer la igualdad del trabajo humano, habría estado en condiciones, dice Marx, de tener un criterio directo para evaluar los servicios de un arquitecto, de un carpintero, de un zapatero. Según Marx:

> Lo que impedía a Aristóteles leer, en la forma-valor de las mercancías, que todos los trabajos se expresan aquí como trabajo humano indistinto y, por consiguiente, igual, es que la sociedad griega reposaba sobre trabajo esclavo y tenía, por base natural, la desigualdad de los hombres y de su fuerza de trabajo[395].

El trabajo no era la medida del valor por falta de una estructura de intercambio que pudiera banalizar la fuerza de trabajo como mercancía:

> El secreto de la expresión del valor, de la igualdad y de la equivalencia de todos los trabajos, porque y en tanto que trabajo humano, no puede ser descifrado sino cuando la idea de igualdad humana ya ha adquirido la tenacidad de

---

[394] Marx, *Le Capital*, I, I, III, *Oeuvres, op. cit.*
[395] *Ibíd.*

un prejuicio popular. Pero ello no tiene lugar sino en una sociedad en la que la forma mercancía se ha convertido en la forma general de los productos del trabajo y en el que, consecuentemente, las relaciones de los hombres entre sí, como productores e intercambiadores de mercancías, es la relación social dominante[396].

En primer lugar, ¿qué hay, del trabajo del esclavo? Finley mostró que, en la antigua Grecia, la suerte del *thète* (el asalariado) era inferior a la del esclavo[397], ya que el *thète* estaba reducido a determinarse en función de su interés propio, fuera de toda relación comunitaria de reciprocidad[398]. Uno puede preguntarse, entonces, si al integrar al *oikos*, como esclavo, al hombre desprovisto de medios de producción del don, los Griegos no oponían, más o menos conscientemente, la esclavitud –que no era la esclavitud mercantil– a la aparición de una condición obrera.

¿Qué hay, luego, de la igualdad humana, determinada por la forma mercantil del trabajo? Entre los modernos, la igualdad es tributaria de una concepción de la necesidad que ha devenido en demanda interesada de cada individuo para sí mismo. Si se reduce la noción de necesidad a la de interés, la necesidad se satisface del todo con un objeto y, por tanto, por el trabajo que produce ese objeto: el trabajo «reificado» en las mercancías.

Pero para Aristóteles, la «necesidad» no se reduce a la demanda de un interés egoísta. El trabajo de uno, que responde a la necesidad de otro, no puede ser normalizado por un cálculo interesado, expresado en demanda objetiva. La *chreia* es una necesidad que apela al servicio del otro. La igualdad de las necesidades, en la que se funda la comunidad,

---

396 *Ibíd.*
397 Cf. Finley, *Le monde d'Ulysse*, Paris, Maspero, 1983, p. 68.
398 *Ibíd.*, p. 70: «No era miembro de un *oikos* y, en cierta medida, incluso la suerte del esclavo era mejor».

no es el equilibrio de la oferta y la demanda, sino la correspondencia de necesidades. La *chreia* está subordinada al deseo de una relación con el otro, que produzca comunidad. De la necesidad, interpretada como interdependiente con el cuidado que se tiene por el otro, se remonta fácilmente a la razón de ese cuidado. La reciprocidad de servicios construye el lazo de almas que se traduce por la *philia*. Ese lazo es la humanidad de todos, el sentimiento de ser más humano, más humano que si uno se fundara en su interés egoísta. Finley señala que, todo lo que Aristóteles trata, reposa sobre la *koinonia* (comunidad). Lo que define este concepto central de *koinonia*, no es solamente que los hombres sean hombres libres que comparten y se proponen un objetivo común, sino, escribe Finley:

> Es necesario que haya *philia* ("amistad" es una traducción inexacta); dicho de otra forma: es necesario que haya mutualidad y también *to dikaion*, lo que, para simplificar, traduciremos por "honestidad" en la relaciones mutuas[399].

Así, la necesidad no puede entenderse como interés, incluso si es colectivo. Remite, desde su formulación más elemental, a la forma más alta de la conciencia, la *philia* e, incluso, a la gracia. Aristóteles estaba así en la imposibilidad de definir el trabajo como trabajo abstracto. Una parte del trabajo satisface al equilibrio de las relaciones sociales, que traduce el término *koinonia*, comunidad. El papel de cada uno, depende del conjunto de las relaciones comunitarias y no sólo de su buena voluntad. No se trata tanto de hacer la justicia, que hace al buen juez, como de encarnar la justicia, que lo obliga a hacerla bien.

---

[399] Finley, *Économie et société en Grèce ancienne, op. cit.*, p. 269.

Ir ante el juez, es ponerse frente a la noción misma de justicia, ya que el ideal de juez, es la de ser la personificación del justo[400].

Es el lugar simbólico del donante, en la ciudad, el que define su estatuto. Y hay en la definición de equivalentes una parte de valor simbólico que, por ser gratuita, es incuantificable. El problema de las equivalencias no se resuelve a partir de las cosas, ya que es imposible cuantificar la parte ética del valor de la que éstas son símbolos. Pero el objetivo que se propone Aristóteles es el de dominar la producción de valor, o de poder controlarla por los medios adecuados. Y bien, si el valor no puede ser medido, ni siquiera aprehendido como objeto de conocimiento, sí pueden serlo las relaciones generadoras de este valor ético. Es eso lo que Aristóteles parece haber querido precisar cuando insiste en la reciprocidad (*antipeponthos*) y en la proporción (*kata analogian*), es decir, sobre las dos relaciones calificadas como matrices del valor.

La justicia es el principio hacia el cual se ordena el intercambio. Lo «justo» es el medio, la *mesotês*. Pero el *justo medio* no es posible sino por la igualdad de los seres humanos entre ellos, la *isotês*. El justo medio es el eje que permite la corrección sistemática de las relaciones recíprocas, ya que su polaridad puede definir el ideal de la producción humana. De ahí la importancia de la justicia correctiva que preside la repartición de dones o los intercambios, según el principio de reciprocidad *antipeponthos*. Pero la reciprocidad no es un simple equilibrio; es una relación con el otro que se despliega, se hace compleja. Y, por consiguiente, el valor producido es más o menos grande, pudiendo alcanzar la gracia y la dicha. Se establece entonces una jerarquía: no es igual pensar sólo en los suyos u ocuparse de la ciudad, ser generoso o magnánimo; no

---

[400] Aristóteles, *Ética Nicómaco* (V, 7, 1132a 19) (V, IV, 7).

es igual ser campesino, médico o juez. Las reciprocidades singulares, que remiten al equilibrio de las necesidades, *chreia*, están obligadas a ordenarse las unas a las otras alrededor de la unidad que da sentido a la comunidad.

Es la unidad de la comunidad la que iguala o jerarquiza las diferentes necesidades entre ellas, según un orden necesario. Ahí está el secreto de ese rodeo por el *estatuto* de los productores-donantes para determinar el valor de las cosas, que tanto intrigó a los comentaristas, en el curso de los siglos. Es, pues, toda la economía de reciprocidad la que se opone a la noción de trabajo abstracto y ello no porque hubiera una intervención de fuerzas irracionales sobre la estructura económica del intercambio, sino porque hay una antinomia entre las dos racionalidades económicas del don y del intercambio y que, en la Grecia antigua como en los Andes precolombinos o en Babilonia, la racionalidad económica de la reciprocidad, aventaja a la del intercambio.

Christian Meier observa también que la temática griega es la de las comunidades de don. Añade:

> Podría ser que un buen número de esos hechos sorprendentes haya sido común a los Griegos y a muchas otras civilizaciones en sus inicios: así el papel importante de la fiesta y de la danza en honor de los dioses, y tal vez también la gran estima en que se tenía a la belleza… Si los griegos parecen haber estado próximos, aquí como en otras cosas, a otras culturas nacientes, su originalidad, tal vez, consistió en que conservaron ampliamente tales rasgos de origen en el curso de la historia de su civilización, por haber sabido, sin duda, llevarlos más lejos y conferirles una estructura del todo particular[401].

---

[401] Christian Meier, *La politique de la grâce, anthropologie politique de la beauté grecque*, *op. cit.*, p. 36-37.

El milagro griego podría haber sido el de haber inventado la democracia como la forma generalizada de la reciprocidad. La autarquía, en los Griegos, no se define ya como la autosuficiencia de cada familia, sino, según la expresión de Tucídides: «Estar a la altura de un desafío de las circunstancias»[402].

Aristóteles no sólo estigmatizó toda forma de adquisición de riqueza por sí misma, como un sinsentido frente al bien común; propuso la primera teoría del valor, que es, para retomar la expresión de Marx, la de una economía «humana», y denunció su desviación en la unilateralidad del poder.

5 - Reciprocidad simétrica y reciprocidad positiva

Aristóteles está, en efecto, muy atento a la alienación del valor de la reciprocidad simétrica en el prestigio de la reciprocidad positiva. A la dialéctica del renombre, donde se rivaliza en generosidad para adquirir prestigio, prefiere la de la justicia, en la que la necesidad del otro es tomada en cuenta. Si se encara la justicia distributiva en un sistema de reciprocidad

---

[402] «Y ese debe ser aún el sentido de esa palabra en Tucídides, donde hace decir a Pericles que, como ciudadanos, al menos, los atenienses están, en casi todos los respectos, a la altura de las circunstancias en tanto que miembros de la Asamblea del Pueblo, consejeros, magistrados, soldados, remeros, cantores en los coros, jurados, jueces de representaciones teatrales, así como en las tareas domésticas de todos los días y por las cuales se procuran sus recursos cotidianos; actividades todas que la mayor parte de los atenienses ejercían conjuntamente. Y bien, al cumplir esos roles diferentes, actuaban, cada uno, como parte de una totalidad que disponía de la autarquía más grande (hasta no haber aprendido nunca nada del otro y a servir, por el contrario, de modelo); si se hacía total, la autosuficiencia de los atenienses era completa». (Meier, *op. cit.*, p. 75).

positiva en la que el poder, para ser proporcional al don, no tiene freno, las desigualdades más cínicas pueden ser justificadas en nombre del rango social. Cuanto más se da, se es más grande, pero cuanto más grande se es, más se le exige al Estado para poder dar aún más, lo que se traduce en la apropiación desigual de los medios de producción del don; todo lo cual conduce a una sociedad de castas. La aristocracia se corrompe en oligarquía, cuando los gobernantes atribuyen los cargos y las ventajas públicas sin tener en cuenta los méritos:

> De la aristocracia se cae en la oligarquía cuando los gobernantes son viciosos; se atribuyen, si no todas las ventajas, por lo menos la mayor parte, a sí mismos y también se asignan las magistraturas siempre a los mismos; el principal título para obtenerlos siendo, para ellos, ser rico. Son pocos, pues, los que se reparten las magistraturas, y son gente perversa, en vez de ser los mejores[403].

Este peligro motivó un debate entre aristócratas y demócratas. Aristóteles quería que los servidores del Estado sean fuera de la competición por el prestigio, a fin de que el Estado no sea sometido a su sed de renombre. La igualdad proporcional, en realidad, no se justifica sino en un sistema de reciprocidad simétrica en el que el don está controlado por un límite: la necesidad de todos de tener acceso a los medios de producción del don. *La justicia comienza con el don de los medios de producción del don.* El principio de justicia no opone la economía de la reciprocidad simétrica a la economía de lucro solamente, sino que la opone también a la economía de reciprocidad positiva en la que la distribución de las riquezas para adquirir renombre no conoce freno.

---

[403] Aristóteles, *Ética a Nicómaco* (VIII, 12, 1160b 14) (VIII, X, 3).

Pero ¿cómo diferenciar el valor de la reciprocidad simétrica del valor de la reciprocidad positiva? Y, más profundamente, ¿cómo diferenciar un valor que nace de la relación de reciprocidad de su representación en el imaginario del único donante?

6 - Puesta en evidencia del Tercero

Al dar, el donante tiene conciencia de adquirir una gloria más grande, su alma misma de donante. El valor social, nacido de una relación de reciprocidad con el otro, se confunde con su propio nombre de donante, generoso, magnífico, magnánimo... El donatario experimenta, ciertamente, un sentimiento de inferioridad ante el donante, sin estar por ello excluido de la relación de reciprocidad ya que está invitado a producir el don. Así, siempre se podría considerar que el prestigio es la imagen del ser. No habría hiato entre el valor social, creado por la reciprocidad, y la conciencia que los asociados pueden tener de ella, bajo la forma del prestigio, atribuido a aquel que tomó la iniciativa de la reciprocidad. No es, pues, a partir de la redistribución o del don de los bienes que se puede separar el renombre de la justicia, el prestigio del reconocimiento social.

Ahora bien, cuando Aristóteles aborda la cuestión de la justicia, como se sabe, trata la igualdad entre las cosas conjugando en ellas los contratos y la reparación de las injurias. Gérard Courtois mostró que la puesta en proporción de los bienes es del mismo tipo que la de los males, y que introduciendo el ultraje y la venganza, Aristóteles hace aparecer una distinción preciosa: la venganza se desdobla en dos relaciones: una, objetiva, proporcional al daño sufrido, que debe ser medido y reparado por un equivalente; mientras la segunda es subjetiva.

De las lesiones apreciables *in abstracto*, Aristóteles distingue el quantum de desvalorización del que ha sufrido el dañado en ocasión del daño que sufrió. Así, el ultraje físico es, a la vez, un daño "material" no ético, y una pérdida ética en el equilibrio de las relaciones interpersonales. La *Ética a Nicómaco* muestra que la lesión inicial instaura entre ambos sujetos un desequilibrio de la pasión y de la acción (*to pathos kai ê praxis*[404]). La reacción vindicativa del dañado apunta, precisamente, a sobrepasar el estado de pasividad relativa en el cual fue puesto. Vengarse es volver a ser activo (*poiountos*). La pareja, actividad/pasividad, designa lo propio de la venganza, en tanto que ella desborda la cuestión del daño no ético[405].

Para evaluar el único prejuicio material, sin interferencia del prejuicio subjetivo, basta reconocer aquello de lo que el agresor se ha posesionado para restituirlo a la víctima… Sin embargo, es evidente que la reivindicación de la víctima no tiene por único objetivo la reparación material. Es esta diferencia la que pone en evidencia el sentimiento creado por la reciprocidad misma, dañado por el agresor, ya que ese sentimiento, de justicia y de responsabilidad, nacido de la participación de cada uno en la génesis del ser social, supone

---

[404] Aristóteles, *Ética a Nicómaco* (V, 7, 1132a 7).

[405] Gérard Courtois, «La vengeance, du désir aux institutions», en Verdier, R., *La vengeance*, vol. 4, Paris, Cujas, 1984, p. 9-45, (p. 17).
Para Aristóteles, volver a ser activo, es ya el sentido de la cólera. Como escribe Courtois: «La cólera es un deseo de ejercer una fuerza, sobre el que pareció poner en duda la nuestra. Se trata, al precio de un dolor (variable) del otro, de manifestar nuestra actividad y abandonar nuestra posición pasiva. Aristóteles insiste mucho en la antítesis activo/pasivo. […] Para la *Retórica*, el dolor, en el origen de la cólera, está ligado al estado del paciente o del pasivo (*paskonthos, pathonta*), *Retórica*, (I, 10, 1369 b 13) (II, 2, 1378 b 24) (I, 14, 1374 b 33). Vengarse, es volverse otra vez activo (*Retórica*, I, 10, 1369b 13) (*Ética*, V, 1133a 1). Los vengadores son llamados: *antipoiuntes* (*Retórica*, II, 2, 1378b 36), *aquellos que actúan de vuelta o a su vez*. Gérard Courtois, «Le sens et la valeur de la vengeance chez Aristote et Sénèque», *op. cit.*, p. 97-98.

que aquel que sufre pueda, a su vez, actuar; exige, incluso, que cada uno participe en la iniciativa y la acción. El sentimiento de venganza del agredido testimonia entonces sobre la conciencia de un daño espiritual, sobre una lesión de la justicia. Evidentemente, en una sociedad en la que reinaría la reciprocidad de venganza, el agresor invitaría al agredido a la reciprocidad, incluso la erigiría[406], bajo forma de desafío. En la sociedad de reciprocidad positiva o simétrica, la agresión es un atentado a la iniciativa del don del otro. La venganza testimonia de la preocupación por reencontrar la iniciativa. Ella significa la reivindicación de ser restablecido como responsable de la reciprocidad, aunque ello sea, desde ahora, bajo una forma negativa.

Pero es, pues, en relación con un valor que no está en sí mismo o en los demás sino en la relación de uno mismo con los otros (acción/pasión equilibrada o recíproca), que se mide la necesidad de venganza. Este sentimiento de justicia aparece ahora como un Tercero. En efecto, no puede ser aprisionado en la imagen del prejuicio material[407]. La venganza revela el

---

[406] Véase *supra:* «La reciprocidad negativa entre los Shuar».

[407] Este valor es, pues, un reconocimiento objetivo: la de todos los miembros que participan del mismo sistema relacional. Cuando la relación con el otro es singular, este reconocimiento es exigido a aquel del cual uno se venga. Aristóteles subraya que este reconocimiento da sentido a la venganza misma, que es la exigencia del vengador y que es incluso su objetivo principal. «El que odia desea el mal al que odia, pura y simplemente, como incluso podría desear suprimirlo como un objeto, mientras que el vengador quiere hacer confesar un valor a un sujeto», precisa Courtois refiriéndose a *Retórica* (II, 3, 1382a 3-15). El sentimiento que emerge de la reciprocidad, a cuya restauración está ordenada la venganza, el vengador la hace reconocer a la fuerza a quien pretende ignorarla. «No le basta que el otro sufra, es necesario que sea testigo de su sufrimiento (*Ibíd.*, a 9) y, sobre todo, *que sufra por su ofendido.* (…) Aristóteles también felicita a Homero por haber hecho experimentar al héroe de la *Odisea* la necesidad de decir a Polifemo: "Cíclope (…), el que te ciega, es el hijo de Laertes, ¡sí! El 'saqueador de Troya', el hombre de Ítaca, ¡Ulises!" (Homero, *Odisea*, IX, 502, sigs.). Como si, comenta Aristóteles, "Ulises no tendría que haber sido vengado si el Cíclope

sentido ético que puede llamarse Tercero. La conjunción de la venganza y del contrato hace entonces valer, en beneficio de la reciprocidad simétrica, lo que incumbe más propiamente a la reciprocidad de venganza: el valor de reciprocidad como un Tercero, frente al imaginario de los particulares.

¿Podría evitarse ese rodeo para poner en evidencia el Tercero, en los intercambios de equivalentes de reciprocidad? Courtois muestra que Aristóteles hace aparecer en el intercambio de equivalentes un tercer término: la necesidad, cuya moneda es la representación.

La crítica del principio del talión –explica Courtois– no lleva a Aristóteles a abandonar el principio de reciprocidad, sino a darle su verdadero alcance. La forma de la justicia es una reciprocidad simbólica, una reciprocidad de relaciones (*kata analogian*). La justicia no se juega entre dos términos como en el talión. Todo intercambio, una vez realizado, supone al menos cuatro términos. Dos individuos y las cosas que han intercambiado.

Pero, Aristóteles no deja de insistir en ello, antes es necesario que un tercer término venga a dar su sentido o su valor a los entes que se intercambian. Primero, hay que situar los entes por intercambiarse en una "igualdad proporcional" (*analogian ison*), hay que igualar las diferencias, hacer las cosas comparables (*sumbleta*), a pesar de su heterogeneidad fenomenal. (*Ética*, V, 8, 1133a 10; a 18).

Para que la "reciprocidad" tenga lugar, es necesario un "término medio" que mida todos los entes (*ibíd.*, a 20 sigs.). La justicia "conmutativa" no reposa sobre intercambios entre entes idénticos, sino entre entes equivalentes en relación a un tercer término. En el intercambio económico,

---

hubiera ignorado por quien y en represalia de qué había sido cegado". (*Retórica*, II, 3, 1380b 24-25)». Gérard Courtois, *op. cit.*, p. 98.

el tercer término que permite la puesta en proporción es la necesidad[408].

Courtois añade en nota: «La moneda será el sustituto y la traducción fenoménica»[409].

Pero Courtois no hace aparecer el sentido ético del tercer término sino por analogía con la venganza:

> La puesta en proporción no es más asombrosa que los intercambios de males. Aquí, el tercer término es un valor ético que tiene una relación directa con el ser ciudadano del hombre, sin duda hay que entender que contiene una cierta *ratio* de pasión y de acción…[410].

Es posible, y es sin duda el sentimiento de Aristóteles, percibir el sentido ético en el Tercer con la condición de que el intercambio se inscriba en la reciprocidad y que la necesidad de cada uno corresponda a un servicio mutuo.

7 - Lo «recíproco» según Aristóteles

Tratándose de la discusión sobre la justicia en los intercambios, hay que tener en cuanta al Tercero, pero ese Tercero no se confunde con el renombre del donante. El es la virtud cuya expresión más alta es la gracia *(charis)*. Desde ahora, es esa relación con el Tercero la que indica, en toda relación de justicia, el *kata analogian*. Aristóteles critica la reciprocidad simple e introduce la proporcionalidad en un

---

[408] Courtois, *op. cit.,* p. 104.
[409] *Ibíd.,* p. 121.
[410] *Ibíd.,* p. 104.

ejemplo en el que toma, para representar al Tercero, a aquel que es su encarnación: el Magistrado.

A veces se estima que el principio de reciprocidad es lo justo puro y simple (*aplos dikaion*...) pero, a menudo, se está en desacuerdo con ello; por ejemplo, si el que detenta una magistratura (*archên*) golpea a un ciudadano, no debe ser golpeado a su vez; pero si alguien golpea a un magistrado, éste no sólo debe ser golpeado, a su vez, sino recibir, además, un castigo (*kolasthênai*). Por otra parte, entre el acto voluntario y el acto involuntario, hay una gran diferencia[411].

Por tanto, no es, pues, arbitrario que Aristóteles trate de la venganza al mismo tiempo que de los intercambios. Como bien lo señaló Courtois:

Los intercambios económicos se dicen en un vocabulario cuyo horizonte semántico "sufrir a su vez" (*antipascho*) es el de la venganza[412].

Hacer justicia es, implícitamente, dar el derecho a las exigencias de una justa venganza. La venganza queda como una referencia teórica indispensable ya que ella hace aparecer el Tercero en el ciudadano mismo, antes de que la justicia intervenga. Lo revela independientemente de todo renombre, como un derecho imprescriptible del ciudadano, más fundamental aún que el nombre que se recibe por ser donante. Está entonces ligada a las estructuras comunitarias de forma necesaria. Esquilo no repudia las Erinias cuando Atenea les quita el derecho de juzgar para confiárselo a magistrados

---

[411] Aristóteles, *Ética a Nicómaco* (V, 8, 1132b 21 sigs.), traducción fr. de Gérard Courtois, en « Le sens et la valeur de la vengeance chez Aristote et Sénèque », *op. cit.*, p. 103.
[412] *Ibíd.*, note n° 137, p. 122.

independientes, detentadores de la única justicia, pero les ofrece un puesto de honor invitándolas a convertirse en consejeras de la justicia.

Para entender toda la significación del *kata analogian* (según la proporción), es preciso, antes, entender la justicia correctiva como justicia que se relaciona, a la vez, con los contratos y con los ultrajes. Más allá de las equivalencias materiales, el término medio es el Tercero, el valor de la reciprocidad propiamente dicha, desprendida de todo imaginario de don o de venganza: el sentimiento de la justicia e, incluso, el de la gracia. La igualdad ya no debe medirse en relación a la generosidad de donantes sino en relación a la gracia, cuya independencia en relación a lo imaginario de los particulares puede ser apreciada interpretando la redistribución de los bienes de la misma forma que la compensación en la reparación de los daños.

Así se aclara el texto decisivo en el que, como señala Courtois, Aristóteles relaciona la existencia de una ciudad de hombres libres a la doble reciprocidad del bien y el mal.

Traducimos[413]:

> En los intercambios, que son comunitarios (*en tais koinôniais tais allaktikais*), lo que mantiene junta a la comunidad es eso justo, que es lo recíproco (*to antipeponthos*), según la proporción y no según la igualdad. La ciudad subsiste por el hecho de retornar el don (*antipoiein*) de modo proporcional. O es en el mal que se trata de retornar el mal, sino parece que es la esclavitud; o es en el bien, sino ya no hay reparto (*metadosis*) y es por el reparto que se está junto. Es por ello también que se eleva un templo a las Gracias que se impone a todos (*empodôn*) a fin de que el "dar a su vez a quien tiene derecho" (*antapodosis*) sea

---

413 Se puede igualmente ver la traducción de Paulette Taïeb, publicada en *La Revue du M.A.U.S.S.*, n° 9, 1990, p. 172, discutido por Ariane Lantz, en el núm. 11, 1991, p. 102. Sobre *metadosis,* ver *supra.*

practicado: porque es lo propio de la gracia; en efecto, hay que dar un servicio a su vez a aquel que se ha mostrado generoso y, a su turno, tomar uno mismo la iniciativa de ser generoso[414].

8 - La economía «humana»

Si se concibe una sola ciencia económica: la economía de competencia y de intercambio, fundada en el interés privado; si se cree que la economía de reciprocidad es la forma arcaica de la economía de intercambio, entonces se puede concluir con Finley:

> En suma, en la *Ética a Nicómaco*, más que de un análisis económico pobre o insuficiente, sería más justo decir que no hay, en absoluto, un análisis económico[415].

Pero la verdad es que Aristóteles trata de la economía de reciprocidad. El valor económico, para Aristóteles, no es el valor de intercambio; es el valor de reciprocidad, que se aliena en valor de prestigio, en la reciprocidad positiva, y que se

---

[414] Aristóteles, *Ética a Nicómaco* (V, 8, 1132b 33) (V, V, 6-7).

[415] Finley, *Économie et société en Grèce ancienne*, *op. cit.*, p. 278. «No hay traza de análisis económico» (p. 282), ya que «el intercambio comercial no era el tema tratado por la *Ética*» (p. 281). Finley reprocha a Schumpeter y Joachim el buscar en Aristóteles los conceptos económicos modernos. Propone respetar la especificidad del análisis de Aristóteles. «Debo confesar que, como Joachim, no comprendo lo que pueda significar la relación proporcional entre los productores, pero no excluyo la posibilidad de que "como un arquitecto es a un zapatero", debe ser, de una forma u otra, tomado literalmente» (p. 275). Retoma la definición de la economía sustantiva propuesta por Polanyi, pero no llega hasta reconocer, en Aristóteles, un análisis de la economía de reciprocidad.

convierte en valor ético, en la reciprocidad simétrica. Lo magnífico es superior a lo generoso y lo magnánimo a lo magnífico. No es equivalente: dar los frutos de su cosecha o distribuir justicia. Los hombres son, pues, diferentes y desiguales. Ahora bien, la reciprocidad simétrica es llamada «reciprocidad proporcional» para que ella no pueda estar medida con el rasero de un imaginario privado. Ella es proporcional al Ser, para no serlo al prestigio. Y bien, la expresión más alta de esta jerarquía instaura la infinitud de la gracia. Una tal proporcionalidad tiende entonces a abolir toda jerarquía, y la desigualdad, a la cual da derecho, tiene por fin la igualdad suprema. Es por ello que la hemos llamado «simétrica». Y cuando Aristóteles se inquieta del intercambio, él se refiere al intercambio de equivalentes, en el contexto específico del sistema de reciprocidad simétrica, y no al intercambio en un sistema mercantil.

La reciprocidad simétrica produce las condiciones en las que se engendra el ser mismo de la humanidad, como arte de vivir. En la reciprocidad, cada trabajo es creador de un valor específico; cada trabajador tiene un estatuto personalizado, un nombre, una responsabilidad; de ahí esa pasión por la perfección que incluso un esclavo ponía en su obra. La reciprocidad otorga al trabajo una naturaleza «humana». Conforma el trabajo a las exigencias de un goce espiritual, a la «felicidad», diría Aristóteles. El poeta debe ver por la ventana las gaviotas del mar... El trabajo no es una alienación; es una obra: una revelación.

En la actualidad, la lógica de los intereses individuales se ha impuesto y el mercado de intercambio ha remplazado a la comunidad, como forma de integración social dominante; pero el ideal aristotélico sigue siendo, a pesar del tiempo, un sueño de humanidad; una utopía que no deja de obsesionar la esperanza de los teóricos más grandes de la economía moderna:

Supongamos que producimos como seres humanos: cada uno de nosotros se afirmaría doblemente en su producción, el sí-mismo y el otro.

En mi producción, realizaría mi individualidad, mi particularidad; experimentaría, al trabajar, el goce de una manifestación individual de mi vida y, en la contemplación del objeto, tendría la alegría individual de reconocer mi personalidad como una potencia real, concretamente aprehensible y que escapa a toda duda.

En tu goce o en tu empleo de mi producto, yo tendría el goce espiritual inmediato de satisfacer con mi trabajo una necesidad humana, de realizar la naturaleza humana y de suministrar, para la necesidad del otro, el objeto de su necesidad.

Tendría conciencia de servir de mediador entre tú y el género humano; de ser reconocido y sentido por ti como un complemento de su propio ser y como una parte necesaria de ti mismo; de ser aceptado en tu espíritu como en tu amor.

Tendría, en mis manifestaciones individuales, la alegría de crear la manifestación de la vida, es decir, de realizar y afirmar en mi actividad individual mi verdadera naturaleza, mi sociabilidad humana (*Gemeinwesen : esencia común*).

Nuestras producciones serían otros tantos espejos en los que nuestros seres irradiarían el uno hacia el otro. En esta reciprocidad, lo que sería hecho desde mi lado, lo sería también del tuyo[416].

---

[416] Karl Marx, « La production humaine », Manuscrits de 1844, *Œuvres* vol. II, Paris, Gallimard, Bibliothèque de La Pléiade, p. 33-34.

Conclusión general del tomo I

La reciprocidad
y el nacimiento de los valores humanos

Es en 1924, el mismo año en que Marcel Mauss generalizó a todas las sociedades humanas el descubrimiento de Malinowski, que Louis de Broglie generalizó al universo físico el descubrimiento de Planck y Einstein: todo en la naturaleza se manifiesta de dos formas contradictorias, corpúsculo y onda, materia y luz, vida y muerte, sin que sea posible establecer un puente continuo entre los dos ya que el arco mediano del puente queda contradictorio en sí mismo. ¿No hay, por ventura, alguna relación entre ese vació cuántico, situado entre las manifestaciones antagónicas de la energía, y el Tercero, nacido de las estructuras contradictorias de la reciprocidad? Lévy-Bruhl sospechará la analogía; Leenhardt la aludirá... Niels Bohr, invitado en 1938 al Congreso Internacional de Antropología y Etnografía de Copenhague, la ilustrará. Pero será con Stéphane Lupasco que esta parte del misterio se convertirá en una cuestión central. Él muestra que una nueva teoría del conocimiento es necesaria y que esta teoría no debe situar la cuestión de la verdad en la no-contradicción, como antes, sino, justamente, en lo contradictorio.

La estructura de reciprocidad se nos apareció como la matriz de lo que Lupasco teoriza como el Tercero incluido. El Tercero nace de la reciprocidad, por lo menos de esa forma de reciprocidad que hemos llamado simétrica, caracterizada por la *mesotés*, la medida justa, y la *isotés*, la igualdad; Tercero que podría parecer metafísico si no fuera producido por el consumo de la vida y de la muerte; Tercero que podría ser el cielo, como el espíritu de los chamanes, si no tuviera, para desarrollarse, que encarnarse en la palabra y rematerializarse en significantes no contradictorios.

Del ser humano, los economistas nos propusieron la idea de un individuo movido solamente por su interés. Los primeros seres humanos se habrían encontrado, dizque, para repartirse entre sí cosas útiles. Pero he aquí que los valores de uso, que satisfacen los objetivos de la sobrevivencia, no pueden pretender transformar la mirada del animal en reflexión. El ser que deslumbra la mirada del hombre es algo más que la mera vida. Ahora bien, la única estructura natural, de la que nace una fuerza sobrenatural, es el cara a cara del hombre con el hombre. La reciprocidad entre los seres humanos engendra un valor, fuera de la naturaleza; el valor que Mauss no se atrevía a nombrar sino con un nombre misterioso tomado de los pueblos que viven en las antípodas de Europa: el *mana*.

El ser humano, para ser, pone en juego su vida y su muerte en la reciprocidad. La reciprocidad es la cuna del ser social, de la conciencia y del lenguaje. Ningún interés egoísta lo llevó, en el curso de la historia, por sobre el deseo de engendrar más ser, por la reciprocidad, sino de una forma ilusoria. Los Griegos, los Shuar y los Maorí nos propusieron una teoría de la reciprocidad que hace de ella la matriz del Tercero: sentimiento de potencia de ser (en el caso de los Shuar) de ser viviente (en los Maorí) de ser justo (en los Griegos) y cuya extensión es la gracia. Aquí comienza lo que no tiene medida y no puede ser ciencia.

Mas ¿cómo pudo el ser humano inventar, desde entonces, su propia explotación? Cuando analiza los orígenes del intercambio, Aristóteles propone dos observaciones: los comerciantes de los países desconocidos, los pequeños comerciantes o tenderos del *agora*, utilizan la moneda. ¿Lo lejano o lo inmediato? De hecho, las dos ideas son idénticas. Con el prójimo no ciudadano, como con el extranjero, es la misma ruptura infinita la que está en el origen del comercio mercantil y de la moneda de intercambio.

283

Pero la moneda ayuda al intercambio a trazar rutas rápidas para todos los valores de uso. Y las técnicas en sus laberintos producen síntesis inesperadas. Nadie discute que el intercambio sea un multiplicador de empresa, un intensificador de la vida.

Sin embargo, la complejización de los intercambios engendra una civilización material que elige las relaciones más frías y suprime las más calurosas. A medida que esas estructuras de reciprocidad desaparecen, la humanidad se pierde. La humanidad ¿no debiera volver a conocer la cuna de la que nace su ser, el lugar desde donde habla el ser? La humanidad es relación y el interés individual la mutila. No esperemos que la muerte que viene nos hurte, como a los cazadores del paleolítico, la ocasión de una reflexión, ya que ese milagro tuvo lugar de una vez para siempre y, ahora, le toca al ser humano pensarse a sí mismo y pensar sus orígenes. El ser no puede nacer dos veces, como si no hubiera recibido, desde el primer instante, la libertad y la responsabilidad. Es dominando el crecimiento, deteniendo la carrera por el provecho, limitando el goce de los conquistadores y constructores de imperios, con el objeto de liberar una territorialidad para la ética en el mundo, que el hombre y la tierra, que sueña en él, podrán sobrevivir al caos que ya los envuelve.

Viendo que el conocimiento la borra, los mismos moralistas creyeron que la afectividad no era sino una pasión primitiva. Pero la afectividad pura es la esencia de la libertad; ella es el goce transparente de la libertad, la gracia que no puede ser reducida al dominio de ningún sistema primitivo. No hay creador que no confunda la iluminación de la revelación con un grito de alegría.

Los Maorí, los Kanak, los Griegos y los Shuar nos enseñaron que la sola potencia del vencedor es vana, que el ser no es la vida, que la muerte le es necesaria para nacer, que el ser no está antes de ser y que, para ser, debe ser engendrado. Y bien, esta génesis es la de un ser libre y, tanto su vida como su muerte, está en sus manos.

Hemos ligado el ser a la vida, porque la vida nos parecía engendrar el ser. Hoy, la vida se ha convertido en su desgracia. Hegel decía que el esclavo retarda el plazo de su muerte, trabajando para el amo, y de este modo transforma su conciencia en conocimiento del mundo. El esclavo se ha liberado del temor que lo condenaba al trabajo. El hombre se ha prendado del crecimiento. Por la producción, espera renovar sin cesar el goce. Pero el conocimiento cubre el suelo, bajo nuestros pies, con cosas muertas y, como el sol, evapora el rocío, evapora la gracia. Entonces descubre que esta vida es otra muerte. Si el hombre quiere ser libre, no sólo le falta diferir la muerte, sino que tiene que dominar su propia vida, mediante el cuidado de la vida del otro; dominar la vida, antes de que ella lo condene a muerte.

*

BIBLIOGRAFÍA DEL TOMO I

I. Obras citadas o consultadas en «Maussiana - Homenaje a Marcel Mauss: el Tercero en la reciprocidad positiva»

BATAILLE Georges,
1967   *La Part maudite*, Paris: Seuil. [1ᵉ éd. 1949].

CAILLE Alain,
1991   « Nature du don archaïque », *La Revue du M.A.U.S.S.*, sem., « Le don perdu et retrouvé », 3ᵉ trim., n° 12.

CAZENEUVE Jean,
1968   *Sociologie de Marcel Mauss*, Paris: PUF.

CONDOMINAS Georges,
1972   « Marcel Mauss et l'homme de terrain », *L'Arc*, n° 48, « Marcel Mauss », Aix-en-Provence, p. 3-8.

DAVY Georges,
1922   *La foi jurée: Étude sociologique du problème du contrat, la formation du lien contractuel*, (Thèse soutenue en Sorbonne), Paris: Félix Alcan.

DERRIDA Jacques,
1991   *Donner le Temps*, t. 1 *La fausse monnaie*, Paris: Galilée.

DUMONT Louis,
1983   « Une science en devenir », dans *Essais sur l'individualisme. Une perspective anthropologique sur l'idéologie moderne*, Paris: Seuil. [1ᵉ éd. *L'Arc*, n° 48, 1972, p. 8-21].

DURKHEIM Émile,
1960   *De la division du travail social*, Paris: PUF. [1ᵉ éd. Paris: Félix Alcan, 1893].

DUVIGNAUD Jean,
1977   *Le don du rien. Essai d'anthropologie de la fête*, Paris: Stock.

287

EVANS-PRITCHARD Edward Evan,
1972 Préface a la traduction anglaise de l'*Essai sur le don*, de Marcel MAUSS: *The Gift* (1954), *L'Arc*, n° 48, «Marcel Mauss», Aix-en Provence, p. 28-31.

FINLEY Moses Immanuel,
1983 *Le Monde d'Ulysse,* Paris: Petite collection Maspero, 44. [1ᵉ éd. *The World of Odysseus*, 1954].

FERNANDES Florestan,
1970 *A função social da guerra na sociedade tupinambá,*; 2ᵃ ed. Biblioteca Pioneira de Ciências Sociais Editora, Univesidade de São Paulo. [1ᵃ ed. *Revista do Museu Paulista*, Nova Série v. VI, 1952, p. 7-425].

GASCHE Rodolphe,
1972 « L'échange héliocentrique », *L'Arc*, n° 48, «Marcel Mauss», Aix-en-Provence, p. 70-84.

GUGLER Josef,
1964 « Bibliographie de Marcel Mauss », *L'Homme, Revue française d'anthropologie*, vol. IV, n° 1, p. 105-112.

GUIDIERI Remo,
1984 *L'abondance des pauvres. Six aperçues critiques sur l'anthropologie,* Paris: Seuil.

GUITTON Henri,
1991 *Économie Politique*, t. 1, Paris: Précis Dalloz. [1ᵉ éd. 1957].

ITEANU André,
1984 « Qui as-tu tué pour demander la main de ma fille? Violence et mariage chez les Ossètes », dans R. Verdier, *La vengeance*, vol. 2, Paris: Cujas, p. 61-81.

LEENHARDT Maurice,
1922 « La monnaie néo-calédonienne », *Revue d'ethnographie et des traditions populaires*, t. 3, p. 326-333.

1985   *Do kamo. La personne et le mythe dans le monde mélanésien*, Paris: Gallimard, coll. « Tel ». [1ᵉ éd. 1947].

1949   « Marcel Mauss (1875-1950) », *Annuaires de l'École Pratique des Hautes Études*, Section des sciences religieuses, n° 58, p. 19-23.

LEFORT Claude,
1951   « L'échange et la lutte des hommes », *Les Temps Modernes*, n° 64, février, p. 1401-1417.

LEVI-STRAUSS Claude,
1991   « Introduction à l'œuvre de Marcel Mauss », dans Marcel MAUSS, *Sociologie et anthropologie*, Paris: PUF, coll. « Quadrige », p. IX-LII. [1ᵉ éd. 1950].

LEVY-BRUHL Henri,
1948-1949 «In Memoriam: Marcel Mauss», *L'Année sociologique*, 3ᵉ série, t. III, p. 1-4.

LOJKINE Jean,
1989   « Mauss et l'*Essai sur le Don*. Portée contemporaine d'une étude anthropologique sur une économie non marchande », *Cahiers Internationaux de Sociologie*, vol. LXXXVI (janvier-juin), p. 141-158.

LUPASCO Stéphane,
1951   *Le principe d'antagonisme et la logique de l'énergie. Prolégomènes à une science de la contradiction*, Paris: Hermann, coll. « Actualités scientifiques et industrielles », n° 1133; 2ᵉ éd. Monaco: Le Rocher, coll. « L'esprit et la matière », 1987.

MAC CORMACK Geoffrey,
1982   « Mauss and the "spirit" of the Gift », *Oceania*, vol. 52, n° 4, p. 286-293, Sydney (Australia).

MALAMOUD Charles (dir.),
1988   *Lien de vie, nœud mortel. Les représentations de la dette en Chine, au Japon et dans le monde indien*, Paris: Éditions de l'École des

Hautes Études en Sciences Sociales, coll. « Recherches d'histoire et de sciences sociales », 31.

MALINOWSKI Bronislaw,
1963   *Les Argonautes du Pacifique occidental*, Paris: Gallimard. [1e éd. *Argonauts of the Western Pacific. An Account of Native Enterprise and Adventure in the Archipelagoes of Melanesian New Guinea*, New York, 1922.]

M.A.U.S.S. semestrielle (La Revue du),
1991   « Le don perdu et retrouvé », no 12, 3e sem., Paris: La Découverte.

MARX Karl,
1965-1968 *Œuvres* (ed. establecida y anotada por M. Rubel), t. 1 *Économie*, t. 2 *Économie*, t. 3 *Philosophie*, Paris: Gallimard, Bibliothèque de La Pléiade.

1972   *Manuscrits de 1844*, Paris: Éditions Sociales.

MAUSS Marcel,
1989   « Essai sur le don. Forme et raison de l'échange dans les sociétés archaïques », dans *Sociologie et Anthropologie*, (Préface de C. Lévi-Strauss), Paris: PUF (1950). [1e éd. *L'Année sociologique*, 2e série, vol. 1, 1923-1924].

1967   *Manuel d'ethnographie*, Paris: Petite Bibliothèque Payot, [1e éd. 1947].

1968-1969 *Œuvres* (Ed. et présentation par Victor Karady), t. 1 *Les fonctions sociales du Sacré*, t. 2 *Représentations collectives et diversité des civilisations*, t. 3 *Cohésions sociales et divisions de la sociologie*, Paris: Éditions de Minuit.

1971   « La cohésion sociale dans les sociétés polysegmentaires », en *Essais de Sociologie*, Paris: Éd. de Minuit. [1e éd. 1931].

MEILLASSOUX Claude,
1978   « Maus: du don antagonistique au don paisible », *Anthropologie et Sociétés*, vol. 2, n° 2, p. 1-4, Université Laval (Québec).

MERLEAU-PONTY Maurice,
1960 « De Mauss à Lévi-Strauss », *Signes*, Paris: Gallimard.

POLANYI Karl, ARENSBERG Conrad M., PEARSON H. W.,
1975 *Les systèmes économiques dans l'histoire et dans la théorie*, (trad. par C. Rivière), Paris: Larousse, coll. « Sciences humaines et sociales ». [1ᵉ éd. *Trade and Market in the Early Empires. Economics in History and Theory*, New York, 1957].

RACINE Luc,
1986 « Les Formes élémentaires de la réciprocité », *L'Homme*, t. 26, n° 99, juil.-sept., (3), p. 97-118.

RADCLIFFE-BROWN Alfred,
1922 *Andaman Islanders: A study in social anthropology*, Cambridge University Press.

1968 *Structure et fonction dans la société primitive*, Paris: Éd. de Minuit. [1ᵃ ed. 1952].

RAPHAEL Freddy,
1969 « Marcel Mauss, précurseur de l'anthropologie structurale », *Cahiers Internationaux de Sociologie*, n° 46, p. 124-132.

SAHLINS Marshall,
1976 *Âge de pierre, âge d'abondance: L'économie des sociétés primitives*, Paris: Gallimard. [1ᵉ éd. *Stone Age Economics*, 1972].

SCHULTE-TENCKHOFF Isabelle,
1986 *Potlatch: Conquête et Invention*, Lausane: Éditions d'en bas, coll. « Le forum anthropologique ».

SERVET Jean-Michel,
1984 *Nomismata. État et origines de la Monnaie*, Lyon: Presses Universitaires de Lyon.

SMITH Adam,
1976 *Recherches sur la nature et les causes de la richesse des nations*, Paris: Gallimard. [1ᵃ ed. *An Inquiry into the Nature and Causes of the Wealth of Nations*, 1776].

TEMPLE Dominique,

1983   *La dialectique du don. Essai sur l'économie des communautés indigènes*, Paris: Diffusion Inti. Trad. en castelleno: *La dialéctica del don. Ensayo sobre la economía de las comunidades indígenas*, La Paz: Hisbol-Chitakolla, 1986, 2ª ed. 1995.

1989   *Estructura comunitaria y reciprocidad. Del Quid pro quo histórico al economicidio*, La Paz: Hisbol-Chitakolla.

II. Obras citadas o consultadas en «La reciprocidad negativa entre los Shuar»

ANSPACH Mark Rogin,

1987   « Penser la vengeance », *Esprit*, 7, n° 128, juillet, p. 103-111.

HARNER Michael J.,

1977   *Les Jívaros: Peuples des cascades sacrées*, Paris: Payot. [1ᵉ éd. *The Jívaro. People of the Sacred Waterfalls*, Berkeley, University of California, 1972].

HOBBES Thomas,

1971   *Léviathan*, Paris: Sirey. [1ª ed. *Leviathan*, London, 1651].

LEVI-STRAUSS Claude,

1967   *Les Structures élémentaires de la parenté*, Paris-La Haye: Mouton & Co. [1ᵉ éd. 1949].

1948   « La vie familiale et sociale des Indiens Nambikwara », *Journal de la Société des Américanistes*, t. 37, p. 1-132.

LUPASCO Stéphane,

1974   *L'énergie et la matière psychique*, Paris: Julliard; 2ᵉ éd. Monaco: Le Rocher, coll. « L'esprit et la matière », 1987.

MALINOWSKI Bronislaw,

1963   *Les Argonautes du Pacifique Occidental*, Paris: Gallimard. [1ᵉ éd. 1922].

SABOURIN Éric,
1982 *Ethno-développement et Réciprocité en Amazonie Péruvienne: le cas du Conseil Aguaruna et Huambisa*, (Thèse), Université Paris VII).

TEMPLE Dominique,
1989 *Estructura comunitaria y reciprocidad. Del Quid pro quo histórico al economicidio*, La Paz: Hisbol-Chitakolla.

1992 «El sello de la serpiente», *La Céramique et le Verre*, n° 64, Suplemento, versión en castellano: «El Arte cerámico shipibo», Vendin-le-Vieil, mayo-Junio.

VERDIER Raymond (dir.),
1980 *La Vengeance. Études d'Ethnologie, d'Histoire et de Philosophie*, vol. I et II : *La vengeance dans les sociétés extra occidentales*, (textes réunis et présentés par R. Verdier), Paris: Cujas.

III. Obras citadas o consultadas en «La reciprocidad simétrica en la antigua Grecia»

ARISTOTE,
1998 *Éthique de Nicomaque*, (Texte, traduction, préface et notes par Jean Voilquin), Paris: Garnier. [1ᵉ éd. 1940].

1970 *Éthique à Nicomaque*, (Introduction, traduction et commentaires par René-Antoine Gauthier et Jean-Yves Jolif), Louvain-la-Neuve. [1ᵉ éd. 1958-1959].

2002 Versión en español: José Luis Calvo Martínez, *Ética a Nicómaco*, Madrid: Alianza Editorial.

1995 *Les Grands Livres d'Éthique* (La grande Morale), (trad. fr. par Catherine Dalimier), Paris: Arléa.

1991 *L'Éthique à Eudème*, (trad. par Vianney Décarie), Paris: Vrin, Bibliothèque des Textes Philosophiques. [1ᵉ éd. 1978].

1993 *La Politique*, (Texto establecido y traducido por Jean Aubonnet), Paris: Les Belles Lettres. [1ᵉ éd. 1960]; y traducción por Pierre Pellegrin, Paris: Nathan, 1990.

AUBENQUE Pierre,

1991 *Le problème de l'Être chez Aristote. Essai sur la problématique aristotélicienne*, Paris: PUF, coll. « Quadrige ». [1ᵉ éd. 1962].

1956 « L'amitié chez Aristote », Actes du VIII Congrès des Sociétés de Philosophie de langue française, Paris: PUF.

BENVENISTE Émile,

1966-1967 *Le vocabulaire des institutions indo-européennes*, t. 1 *Économie, parenté, société*; t. 2 *Pouvoir, droit, religion*, Paris: Éd. de Minuit.

COURTOIS Gérard,

1984 « Le sens et la valeur de la vengeance chez Aristote et Sénèque », dans Verdier R., *La vengeance*, vol. 4 : *La Vengeance dans la pensée occidentale*, (Textes réunis et présentés par Gérard Courtois), Paris: Cujas, p. 91-124.

1984 « La vengeance, du désir aux institutions », dans VERDIER R., *La vengeance*, vol. 4, Paris: Cujas, p. 1-45.

FINLEY Moses I.,

1983 *Le Monde d'Ulysse*, (trad. par Claude Vernant-Blanc et Monique Alexandre), Paris: Petite collection Maspero (1969). [1ᵉ éd. *The World of Odysseus*, 1954].

1984 *Économie et Société en Grèce ancienne*, (trad. fr. par Jeannie Carlier), Paris: La Découverte. [1ᵉ éd. *Economy and Society in Ancient Greece*, 1953].

GERNET Louis,

1982a *Anthropologie de la Grèce antique*, (préface de Jean-Pierre Vernant), 3ᵉ éd. Paris: Flammarion, coll. « Champs histoire ». [1ᵉ éd. 1968, 2ᵃ ed. Paris: Maspero, 1976].

1982b *Droit et Institutions en Grèce antique*, Paris: Flammarion, coll. « Champs histoire ».

HOMERE,

1959 *L'Iliade*. (Texte établi et traduit par Paul Mazon), Paris: Les Belles Lettres, coll. « Budé ». [1ᵉ éd. 1937].

1960 *L'Iliade*, (Traduction nouvelle par Eugène Lasserre), Paris: Garnier, coll. « Classiques ». [1ᵉ éd. 1933].

1967 *L'Odyssée*, (Traduction par Victor Bérard), Paris: Les Belles Lettres, coll. « Budé ». [1ᵉ éd. 1924].

1965 *L'Odyssée*, (Traduction par Médéric Dufour et Jeanne Raison), Paris: Garnier-Flammarion. [1ᵉ éd. 1935].

1997 Traducción en español de Luís Segalá y Estalella, Barcelona: Editorial Bruguera: *Ilíada* [1ᵉ éd. 1908], *Odisea* [1ᵉ éd. 1910].

JORION Paul,
1990 « Déterminants sociaux de la formation des prix du marché. L'exemple de la pêche artisanale », *Revue du M.A.U.S.S.*, nᵒ 9, p. 71-106 et n° 10, p. 49-64.

LEVI-STRAUSS Claude,
1984 *Paroles données*, Paris: Plon.

MAUSS Marcel,
1968 *Œuvres*, t. III *Cohésions sociales et divisions de la sociologie*, Paris: Éd. de Minuit.

1971 *Essais de Sociologie* (extraits des vol. 2 y 3 de *Œuvres*, Paris: Éd. de Minuit, 1968-1969). [1ᵉ éd. 1921].

MEIER Christian,
1987 *La Politique et la Grâce. Anthropologie politique de la beauté grecque*, (trad. fr. par Paul Veyne), Paris: Seuil, coll. « Des Travaux ». [1ᵉ éd. *Politik und Anmut*, 1985].

NYGREN Anders,
1952 *Érôs et Agapè. La notion chrétienne de l'amour et ses transformations*, t. II et III, Paris: Aubier. [1ᵉ éd. 1930-1936].

POLANYI Karl, ARENSBERG Conrad M., PEARSON Henry W.,
1975 *Les systèmes économiques dans l'histoire et dans la théorie*, Paris: Larousse, [1ᵉ éd. 1957].

POLANYI Karl,
1975   « Aristote découvre l'économie », dans Polanyi, K. et
        Arensberg, C., *Les systèmes économiques dans l'histoire et dans la
        théorie*, Paris: Larousse, p. 93-117.

SAHLINS Marshall,
1980   *Au cœur des sociétés: Raison utilitaire et raison culturelle*, Paris:
        Gallimard. [1e éd. *Culture and Practical Reason*, 1976].

SVENBRO Jesper,
1984   « Vengeance et société en Grèce archaïque. À propos de la
        fin de l'Odyssée », dans Verdier R., *La Vengeance*, vol. 3:
        *Vengeance, pouvoirs et idéologies dans quelques civilisations de
        l'Antiquité*, (Textes réunis et présentés par R. Verdier et J.-P.
        Poly), Paris: Cujas, p. 47-63.

TAÏEB Paulette,
1990   « Aristote: la réciprocité », *La Revue de M.A.U.S.S.*, sem.,
        3e trim., n° 9, p. 171-174.

TAÏEB Paulette, LATOUCHE serge,
1980   « Aristote et l'Économie politique », *Cahiers du Cerel*, 21, p. 1-
        65.

VERDIER Raymond (dir.),
1984   *La Vengeance*, vol. 3, *Vengeance, pouvoirs et idéologie dans quelques
        civilisations de l'Antiquité*, (Textes réunis et présentés par
        Raymond Verdier et Jean-Pierre Poly), Paris: Cujas.

VULLIERME Jean-Louis,
1984   « La juste vengeance d'Aristote et l'économie libérale »,
        dans Verdier R., *La Vengeance*, vol. 4, *La vengeance dans la pensée
        occidentale*, Paris: Cujas, p. 169-201.